普通高等学校“十四五”规划自动化专业特色教材

ZHINENG KONGZHI JICHU YU YINGYONG

智能控制基础与应用

■ 主　编/王家林
■ 副主编/李龙梅　李成县　王　涛　闫晓玲　王　征

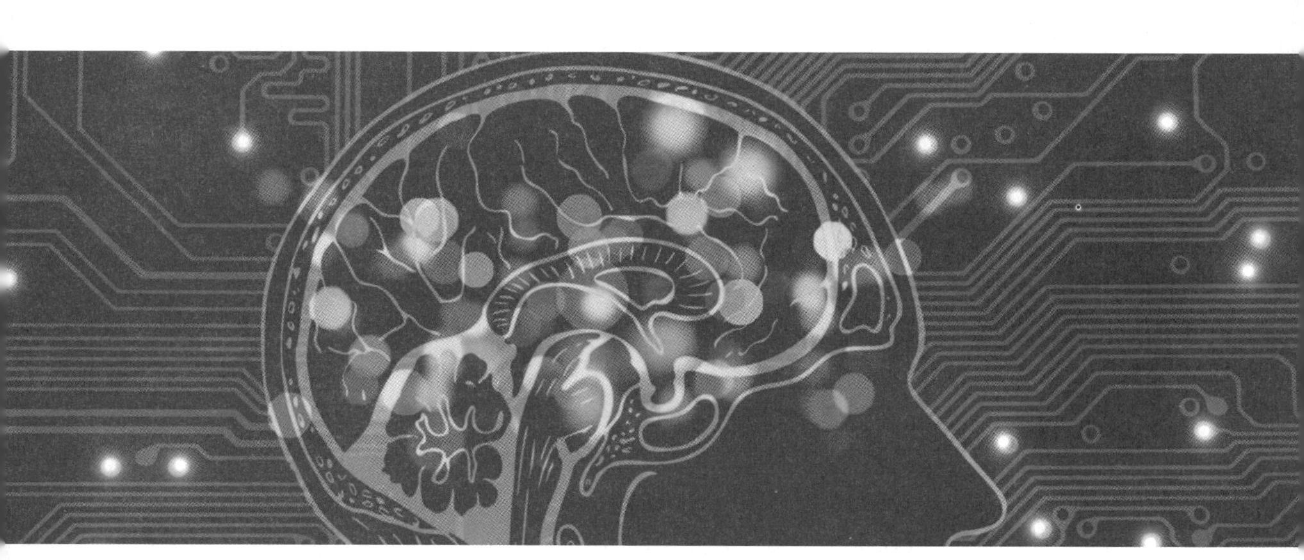

华中科技大学出版社
http://press.hust.edu.cn
中国·武汉

内 容 简 介

本书以通俗易懂的语言，简明扼要地介绍了智能控制的基本内容，包括智能控制基本概念、智能控制算法基础——模糊控制、神经网络、群智能算法，以实例分析与设计的形式给出了智能控制器的实现方法，包括模糊控制应用、神经网络控制应用、群智能算法应用以及综合智能算法在电力参数分析中的应用等。

本书可作为高等院校自动化、电气工程及其自动化、计算机应用等专业高年级本科生和控制科学与工程专业硕士研究生智能控制课程的配套教材，也可供自动化领域工程技术人员阅读和参考。

图书在版编目(CIP)数据

智能控制基础与应用/王家林主编. —武汉：华中科技大学出版社，2023.11
ISBN 978-7-5772-0054-5

Ⅰ.①智… Ⅱ.①王… Ⅲ.①智能控制 Ⅳ.①TP273

中国国家版本馆 CIP 数据核字(2023)第 192299 号

智能控制基础与应用
Zhineng Kongzhi Jichu yu Yingyong

王家林 主编

策划编辑：王汉江
责任编辑：王汉江
封面设计：原色设计
责任监印：周治超
出版发行：华中科技大学出版社(中国·武汉)　　电话：(027)81321913
　　　　　武汉市东湖新技术开发区华工科技园　　邮编：430223
录　　排：武汉楚海文化传播有限公司
印　　刷：武汉开心印印刷有限公司
开　　本：787mm×1092mm　1/16
印　　张：10.75
字　　数：235 千字
印　　次：2023 年 11 月第 1 版第 1 次印刷
定　　价：39.80 元

PREFACE

前言

自动控制经过了经典控制理论和现代控制理论两个阶段的长期发展，无论是在科学理论上还是在工程实践中都取得了辉煌成就。但是，随着社会的发展，控制对象日益复杂，控制要求越来越高，传统控制理论面临的挑战也越来越大。智能控制是以人工智能、自动控制和运筹学为核心，同时涉及计算机科学、生物学、心理学、信息论等多学科交叉的新兴学科，是自动控制领域的前沿学科之一，也是自动控制理论发展的第三阶段。智能控制的发展为解决复杂非线性、不确定系统的控制问题开辟了新的途径。

本书共 8 章。第 1 章介绍智能控制的产生背景、基本概念、特点、发展历程以及主要分支；第 2 章介绍模糊控制的基本原理、组成、结构、设计原则与方法；第 3 章简要介绍神经网络理论基础、神经网络学习算法和神经网络控制；第 4 章介绍遗传算法、蚁群算法、粒子群算法、免疫算法和标准差分进化算法基本原理；第 5 章介绍模糊控制与 PID 控制的结合、船舶航向模糊控制器设计、洞库温湿度模糊控制器设计和舵鳍联合减摇系统模糊 PID 控制；第 6 章介绍基于神经网络的船舶航向控制器设计、MATLAB 神经网络工具箱及其仿真；第 7 章介绍基于粒子群优化算法对离散 PID 控制器参数进行优化、基于粒子群算法的无人船路径规划、基于蚁群算法的无人水下航行器路径规划、基于蚁群算法的 PID 控制器参数整定及仿真；第 8 章介绍船舶电力系统电力信号模型与电力参数分析方法、基于遗传神经网络的船舶电力信号参数分析方法、采用改进 Prony 算法的船舶电力信号参数分析方法。

本书是适应新形势下高校教学改革与人才培养方案调整而编写，可用于“智能控制”“智能控制课程综合设计”“智能控制理论与实践”等课程的教学。本书由海军工程大学王家林副教授担任主编，由武汉工程大学王涛副教授，海军工程大学李龙梅讲师、李成县讲师、闫晓玲副教授和王征副教授担任副主编。武汉工程大学王涛副教授从马克思主义哲学角度出发，在方法论、思想政治教育理论结合实践等方面对本书的编写贡献良多。

在教材编写过程中，得到了海军工程大学宋立忠副教授的大力支持，参考了海军工程大学自动化专业毕业设计论文，并引用了相关机构、学者的文献和相关网络资源，在此一并表示感谢。

由于作者水平有限，而智能控制的研究发展很快，不断有新的理论和方法产生，因此书中难免有疏漏和不当之处，敬请同行专家和读者批评指正！

编　者

2023 年 10 月

CONTENTS

目录

智能控制基本概念

1.1 传统控制面临的挑战

传统的经典控制理论包括时域、复频域和频域分析与设计等，采用的是微分方程和传递函数等工具，具有较完善的分析和综合理论体系，为了满足空间探索控制技术的发展需求，以状态空间表达式为核心的现代控制理论应运而生，且已经在航空航天等领域得到了极其广泛的应用。

但是，随着经济和社会的不断发展，自动控制系统对性能和指标的要求日益苛刻，特别是由于研究对象具有一定的复杂性、非线性、时变性、不确定性和不完整性等特性，存在无法获取被控对象精确的数学模型，甚至无法建立被控对象的模型的情况，这些都超出了传统的经典控制理论所能解决的问题范畴。

1.2 智能控制的提出

自从1932年奈奎斯特(H. Nyquist)发表反馈放大器稳定性的经典论文以来，控制理论学科的发展已走过90余年的历程，其中20世纪40年代中到50年代末是经典控制理论的成熟和发展阶段，20世纪60年代到70年代是现代控制理论的形成和发展阶段。经典控制理论主要研究的对象是单变量常系数线性系统，它只适用于单输入-单输出控制系统。经典控制理论的数学模型一般采用传递函数表示，分析和设计方法主要是基于根轨迹法和频率法。现代控制理论的数学模型主要是状态空间描述法。随着要研究的对象和系统越来越复杂，如智能机器人系统、复杂过程控制等，仅仅借助于数学模型描述和分析的传统控制理论已难以解决不确定性系统、高度非线性系统和复杂任务控制要求的控制问题。

由此可见，复杂的控制系统的数学模型难以通过传统的数学工具来描述，采用数学工具或计算机仿真技术的传统控制理论已经无法解决此类系统的控制问题。大规模复杂系统的控制需要与现代计算机技术、人工智能和微电子学等学科的高速发展相结合，因此智能控制应运而生。智能控制的研究工作最初是以机器人控制为背景而提出来的。随着研究工作的相对深入，智能控制应用重点已从机器人控制问题向复杂工业过程控制、智能电网、智能交通、智慧城市等领域发展。同时，随着人工智能、计算机网络和云计算等技术的发展，智能控制理论的应用也会越来越广泛。

1.3 智能控制的基本概念与发展概况

1.3.1 智能控制的概念

智能控制是一门交叉学科。所谓智能控制，即设计一个控制器（或系统），使之具有学习、抽象、推理和决策等功能，并能根据环境（包括被控对象或被控过程）信息的变化做出适应性反应，从而实现由人来完成的任务。智能控制实际上只是研究与模拟人类智能活动及其控制与信息传递过程的规律，研制具有仿人智能的工程控制与信息处理系统的一个新兴分支学科。如同人工智能和机器人学及其他高新技术学科一样，智能控制至今尚无一个公认的统一的定义。智能控制是一个新兴的研究领域，涉及多个学科。智能控制系统的设计重点不在常规控制器上，而在智能机模型设计或智能算法上。在智能控制的实现方面，一方面要依靠控制硬件、软件和智能的结合，实现控制系统的智能化；另一方面要实现自动控制科学与计算机科学、信息科学、系统科学及人工智能的结合，为自动控制提供新思想、新方法和新技术。智能控制学科仍处于发展时期，无论是在理论上还是在实践中它都还不够成熟，不够完善，需要进一步探索与开发。研究者需要寻找更好的新的智能控制相关理论，对现有理论进行修正，以期使智能控制得到更快、更好的发展。

1.3.2　智能控制发展概况

在人工智能发展的早期，人们普遍认为智能控制是二元论，也就是人工智能和自动控制相互作用的结果。后来，又加入了运筹学形成三元论的智能控制。智能控制的三元论表明，智能控制是应用人工智能的理论与技术和运筹学的优化方法，将其同控制理论方法与技术相结合，可在未知环境（广义的被控对象或过程及其外界条件）下仿效人或生物的智能，实现对系统的控制。

智能控制是控制理论发展的高级阶段。随着研究对象规模的进一步扩大，大系统智能控制、分级递阶智能控制和分布式问题求解等各种新方法、新思想不断涌现，而认知心理学、神经网络技术、进化论、遗传算法和混沌论等新学科异军突起，可从更高层次上研究智能控制，从而形成智能控制的多元论。换句话说，智能控制是多门学科领域相互交叉融合的结果。

1985 年 8 月，电气和电子工程师协会（Institute of Electrical and Electronics Engineers，IEEE）在纽约召开第一届智能控制学术研讨会，主题是智能控制原理和智能控制系统。这一次会议决定在 IEEE 控制系统协会下设立一个 IEEE 智能控制专业委员会。这标志着智能控制这一新兴研究领域的正式诞生。1987 年 1 月，IEEE 控制系统协会与计算机协会主办的第一届智能控制国际会议在美国费城召开。1987 年以来，IEEE、国际自动控制联合会（International Federation of Automatic Control，IFAC）等国际学术组织定期或不定期举办各类有关智能控制的国际学术会议或研讨会。

我国学者对智能控制的研究亦颇有贡献，相关学术组织不断出现，学术会议经常召开。中国自动化学会相继成立了智能自动化专业委员会、综合智能交通专业委员会、智能制造系统专业委员会、混合智能专业委员会等，中国人工智能学会相继成立了智能空天系统专业委员会、智能机器人专业委员会等，中国指挥与控制学会相继成立了智能控制与系统专业委员会、智能指挥调度专业委员会、空天大数据与人工智能专业委员会等，中国仿真学会相继成立了智能仿真优化与调度专业委员会、智能物联系统建模与仿真专业委员会等，这些学术组织通过出版 *IEEE Transactions on Intelligent Transportation Systems*、*IEEE Transactions on Intelligent Vehicles*、*IEEE Transactions on Pattern Analysis and Machine Intelligence*、*IEEE Transactions on Emerging Topics in Computational Intelligence* 等重要期刊，主办 IEEE Conference on Decision and Control、中国自动化大会、中国控制会议、中国控制与决策会议、中国人工智能大会、中国智能自动化大会、中国智能系统会议等一系列具有国际影响力的重要学术交流会议，极大地促进了国内外在智能控制相关领域科学研究、人才培养、工程应用等方面的蓬勃发展。因此，可以预见在不久的将来，智能控制理论作为一种跨学科的新工具一定可以在各行各业的理论研究、工程应用中大放异彩。

1.4 智能控制系统的分类

智能控制也尚无统一的分类方法，目前主要按其作用原理进行分类，可分为递阶控制系统、专家控制系统、模糊控制系统、学习控制系统、神经控制系统、群智能优化控制系统、网络控制系统、组合智能控制系统等。其中，递阶智能控制(hierarchically intelligent control)是在研究早期学习控制系统的基础上，从工程控制论的角度总结人工智能与自适应、自学习和自组织控制的关系之后而逐渐形成的，也是智能控制的最早期理论之一；专家控制系统是把专家系统技术和方法与传统控制机制，尤其是与工程控制论的反馈机制有机结合而建立的，专家控制系统已广泛应用于故障诊断、工业设计和过程控制；模糊控制是一类应用模糊集合理论的控制方法，由模糊化、规则库、模糊推理和模糊判决四个功能模块组成；学习控制系统是一个能在其运行过程中逐步获得受控过程及环境的非预知信息，积累控制经验，并在一定的评价标准下进行估值、分类、决策和不断改善系统品质的自动控制系统；神经控制是 20 世纪末期出现的智能控制的一个新的研究方向，神经网络技术和计算机技术的发展为神经控制提供了技术基础，神经控制特别适用于复杂系统、大系统、多变量系统和非线性系统的控制；群智能优化控制系统包括进化控制、免疫控制系统基于蚁群、粒子群等智能优化算法实现的控制系统等；计算机网络通信技术的发展为网络控制系统的诞生提供了条件，网络控制系统即在网络环境下实现的控制系统；智能控制与传统控制(包括经典 PID 控制和近代控制)有机地组合起来，即可构成组合智能控制系统，如 PID 模糊控制、神经自适应控制、神经自校正控制、神经最优控制、模糊鲁棒控制等。

智能控制的研究工具主要包括符号推理与数值计算的结合方法、模糊集理论、神经元网络理论和智能优化算法等。

第2章

模糊控制

2.1 模糊理论

2.1.1 模糊集合及其运算

1. 模糊集合的定义

定义 2.1 设 $A \in F(X)$，称 $A_1 = \{x \in X \mid \mu_A(x) = 1\}$ 为 A 的核(kernel)，记作 $\ker A$，$\ker A$ 是一个清晰集，它包含了 X 中所有在 A 上隶属度为 1 的元素。称 $A_0 = \{x \in X \mid \mu_A(x) > 0\}$ 为 A 的支撑集(support set)，记作 $\mathrm{supp}A$。$\mathrm{supp}A$ 是一个清晰集，它包含了 X 中所有在 A 上具有非零隶属度的元素。而差集 $\mathrm{supp}A - \ker A$ 称为 A 的边界。如果一个模糊集的支撑集是空的，则称该模糊集为空模糊集。如果模糊集的支撑集仅包含 X 中的一个点，则称该模糊集为单点模糊集(single point fuzzy set)。

定义 2.2 如果模糊集的隶属函数达到最大值的所有点的均值是有限值，则将该均值定义为模糊集的中心(center)；如果该均值为正(负)无穷大，则将该模糊集的中心定义为所有达到最大隶属度的点中值最小(最大)的点。一个模糊集的交叉点(cross point)就是 X 中隶属于 A 的隶属度为 0.5 的点。

定义 2.3 模糊集的高度(height)是指任意点所达到的最大隶属度值。如果一个模糊集的高度为 1，则称之为正规模糊集(normal fuzzy set)。

定义 2.4 一个模糊集 A 的 α-截集(α-cut)是一个清晰的集合，记为 A_α，它包含了 X

中所有隶属于 A 的隶属度大于等于 α 的元素，即 $A_\alpha=\{x\in X|\mu_A(x)\geqslant\alpha\}$。

模糊集合存在以下几种表示方法。

1)序偶表示法

设论域 $X=\{x_1,x_2,\cdots,x_n,\cdots\}$，则 X 上的模糊集合 A 可表示为

$$A=\{(A(x_1),x_1),(A(x_2),x_2),\cdots,(A(x_n),x_n),\cdots\} \tag{2-1}$$

此方法称为序偶表示法。

2)Zadeh 表示法

当论域 X 只包含有限多个元素或者可数无限多个元素时，X 上的模糊集合 A 可表示为

$$A=\sum_{i=1}^{n}\frac{\mu_A(x_i)}{x_i}=\frac{\mu_A(x_1)}{x_1}+\frac{\mu_A(x_2)}{x_2}+\cdots+\frac{\mu_A(x_n)}{x_n} \tag{2-2}$$

式中，$\frac{\mu_A(x_i)}{x_i}$不表示分数，而是用来说明各元素所对应的隶属度；“＋”也不表示相加，而是用来表明模糊集合在论域上的整体性。在 Zadeh 表示法中，隶属度为 0 的项可以不写。

3)向量表示法

当论域中的元素有限且有序时，模糊集合 A 可以表示为

$$\boldsymbol{A}=(A(x_1),A(x_2),\cdots,A(x_n)) \tag{2-3}$$

用向量法表示时，同一论域上，各模糊集合中元素隶属度的排列顺序必须相同，而且隶属度为 0 的项不可忽略。

4)函数表示法

根据模糊集合 A 的定义，可以用其隶属函数来表示，即 $A=\mu_A(x)$，$x\in X$，$A(x)$的形式既可以是某一表达式，也可以是一个分段函数表达式。

2. 隶属函数

普通集合是模糊集合的特例，则普通集合的特征函数是模糊集合的隶属函数的特例。另外，在表述普通集合时，可以不使用特征函数值，而只需列出所有元素即可；但对于模糊集合，则必须给出元素对集合的隶属度。所以，在利用模糊集合理论时，确定合适的隶属函数是至关重要的。

对于一个特定模糊集来说，隶属函数基本上体现了该集合的模糊性，因此这种描述也体现了模糊特性或运算本质。由于隶属函数的确定具有鲜明的主观性，对于同一个问题，不同的人会给出不同的结论。但同时，所有事物均有其客观性，人们对事物某方面性质的判断也具有一定的一致性和相似性，由于模糊集理论研究的对象是具有模糊性和经验性，因此找到一种统一的隶属度计算方法是不现实的。因此，可以设计一些通用的方法来确定隶属函数，目前主要有模糊统计法、例证法、专家经验法、二元对比排序法、神经

网络法等。尽管确定隶属函数的方法带有主观因素，但主观的反映和客观的存在是有一定联系的，是受到客观制约的。隶属函数实质上反映的是事物的渐变性，因此，它仍然应遵守如下一些基本原则：

(1)表示隶属函数的模糊集合必须是凸模糊集合；

(2)变量所取隶属函数通常是对称和平衡的；

(3)隶属函数要符合人们的语义顺序，避免不恰当的重叠；

(4)隶属函数的选择需要考虑重叠指数。

3. 模糊集合的运算和性质

在模糊集合理论中，同样存在普通集合中的并集、交集等运算。由于表示模糊集合离不开各元素的隶属度，因此，模糊集合的各种运算实质上便是对应元素隶属度之间的运算。

定义 2.5 设论域为 X，若对于任意 $x\in X$，均有 $\mu_A(x)=1$，则称 A 为论域 X 上的模糊全集，即 $A=X$。可见，模糊全集为一普通集合。

定义 2.6 设论域为 X，若对于任意 $x\in X$，均有 $\mu_A(x)=0$，则称 A 为论域 X 上的模糊空集，即 $A=X$。可见，模糊空集即为普通集合中的空集。

定义 2.7 设 A 和 B 为论域 X 上的两个模糊集合，若对于任意 $x\in X$，均有 $\mu_A(x)=\mu_B(x)$，则称 A 和 B 相等，记为 $A=B$。

定义 2.8 设 A 和 B 为论域 X 上的两个模糊集合，若对于任意 $x\in X$，均有$\mu_A(x)\leqslant\mu_B(x)$，则称 B 包含 A 或 A 包含于 B，记为 $A\subseteq B$。

定义 2.9 设 A 和 B 为论域 X 上的两个模糊集合，分别称运算 $A\cup B$、$A\cap B$ 为 A 和 B 的并集与交集，称 A^c 为 A 的补集，也称余集。各运算的隶属函数分别如下表示：

$$\mu_{A\cup B}(x)=\mu_A(x)\vee\mu_B(x)=\max(\mu_A(x),\mu_B(x)) \tag{2-4}$$

$$\mu_{A\cap B}(x)=\mu A(x)\wedge\mu_B(x)=\min(\mu_A(x),\mu_B(x)) \tag{2-5}$$

$$\mu_{A^c}(x)=1-\mu_A(x) \tag{2-6}$$

可以说，并集运算就是两集合中各元素的隶属度对应取大，所有的取大结果即为并集运算结果；交集运算则为取小；补集运算则为用 1 分别与各隶属度相减，结果即为补集的各元素隶属度。

设 X 为论域，$A,B,C\in F(X)$，则下列性质成立：

(1)$A\cup B=B\cup A, A\cap B=B\cap A$；

(2)$(A\cup B)\cup C=A\cup(B\cup C), (A\cap B)\cap C=A\cap(B\cap C)$；

(2)$A\cap(B\cup C)=(A\cap B)\cup(A\cap C), A\cup(B\cap C)=(A\cup B)\cap(A\cup C)$；

(4)$A\cup(A\cap B)=A, A\cap(A\cup B)=A$；

(5)$A\cup A=A, A\cap A=A$；

(6)$(A^c)^c=A$；

(7)$X\cup A=X$，$X\cap A=A$，$\varnothing\cup A=A$，$\varnothing\cap A=\varnothing$；

(8)$(A\cup B)^c=A^c\cap B^c$，$(A\cap B)^c=A^c\cup B^c$。

可以看出，许多在经典集合中成立的运算性质是可以推广到模糊集合中的。但模糊集合不再满足排中律，即 $A\cup A^c=X$ 一般不再成立，这也是模糊集合与经典集合不同的关键所在。

4. 模糊矩阵的合成

所谓合成，即由两个或两个以上的关系构成一个新的关系。模糊关系也存在合成运算，是通过模糊矩阵的合成进行的。

$\boldsymbol{R}$ 和 $\boldsymbol{S}$ 分别为 $U\times V$ 和 $V\times W$ 上的模糊关系，而 $\boldsymbol{R}$ 和 $\boldsymbol{S}$ 的合成是 $U\times W$ 上的模糊关系，记为 $\boldsymbol{R}\circ\boldsymbol{S}$，其隶属函数为

$$\mu_{\boldsymbol{R}\circ\boldsymbol{S}}(u,w)=\bigvee_{v\in V}\{\mu_{\boldsymbol{R}}(u,v)\wedge\mu_{\boldsymbol{S}}(v,w)\},u\in U,w\in W \tag{2-7}$$

2.1.2 模糊推理

1. 模糊语言

将含有模糊概念的语法规则所构成的语句称为模糊语句。根据其语义和构成的语法规则不同，可分为模糊陈述句、模糊判断句、模糊推理句等。

2. 模糊推理

常用的有两种模糊条件推理语句：If **A** then **B** else **C**；If **A** and **B** then **C**。

常用的模糊推理有两种方法：Zadeh 法和 Mamdani 法。Mamdani 模糊系统由模糊化处理算子、模糊推理机制和非模糊化处理算子三个部分组成。Mamdani 法模糊推理通过一组推理规则实现从输入到输出的推理计算，从而建立准确的模糊系统。Mamdani 推理法是一种模糊控制中普遍使用的方法，其本质是一种模糊矩阵合成推理方法。

模糊推理语句“If **A** and **B** then **C**”蕴含的关系为 $\boldsymbol{A}\wedge\boldsymbol{B}\rightarrow\boldsymbol{C}$，根据 Mamdani 模糊推理法知，$\boldsymbol{A}\in\boldsymbol{U}$，$\boldsymbol{B}\in\boldsymbol{U}$，$\boldsymbol{C}\in\boldsymbol{U}$ 是三元模糊关系，其关系矩阵 $\boldsymbol{R}=(\boldsymbol{A}\times\boldsymbol{B})^{T1}\times\boldsymbol{C}$，其中$(\boldsymbol{A}\times\boldsymbol{B})^{T1}$为模糊关系矩阵$(\boldsymbol{A}\times\boldsymbol{B})_{m\times n}$构成的 $m\times n$ 列向量，n 和 m 分别为 **A** 和 **B** 论域元素的个数。基于模糊推理规则，根据模糊关系 $\boldsymbol{R}$，可求得给定输入 $\boldsymbol{A}_1$ 和 $\boldsymbol{B}_1$ 对应的输出 $\boldsymbol{C}_1$：$\boldsymbol{C}_1=(\boldsymbol{A}_1\times\boldsymbol{B}_1)^{T2}\boldsymbol{R}$。

2.1.3 模糊化与解模糊化

实际模糊控制系统的输入和输出大都是确定的量，即在一定精度范围内的精确的数

值量，因此实际的模糊系统应该包含把精确的输入数据转换成模糊集，以便于模糊系统的推理，以及把模糊推理的结果(模糊集)，变换为输出论域上的精确值用于输出。这两个部分分别称为模糊化部分和解模糊化或去模糊化部分。模糊化就是把输入量由精确值转化为模糊集的过程。相应于控制器的设计和应用阶段，模糊化模块在不同的阶段有不同的作用，主要包括确定符合模糊控制系统要求的输入量和输出量；对输入输出变量进行尺度变换(量化因子变换)，使之落入各自的论域范围内；将已进行论域变换的输入量进行模糊化，包括模糊划分和确定隶属函数。

与模糊化相反，解模糊是将模糊推理得到的结论模糊集合转化为作为控制器输出的精确值的过程。常用的解模糊方法有如下几种：

1. 重心法

重心法，也称力矩法。它取输出模糊集合隶属函数曲线与横坐标所围面积的重心作为控制器输出的精确值。

2. 加权平均法

加权平均法是指输出量各元素进行加权平均后的输出值作为输出的精确执行量，当权重系数选为相应隶属度时，就是上面的重心法。当权重系数选为输出量各模糊集合的中心时，也称作中心平均解模糊法。加权平均法是目前最常用的一种解模糊方法。

3. 最大隶属度法

最大隶属度法是将模糊推理得到的结论模糊集合中隶属度值最大的元素作为精确控制量的方法。如果有多个元素同时取到最大隶属度值，则取它们的平均值。

4. 中位数法(面积等分法)

中位数法是把输出的模糊集合所对应的隶属函数曲线与横坐标所围成的面积分成相等的两部分，将这两部分分界点所对应的元素作为输出的精确值，如果是离散域，则隶属函数取为各个元素所对应的隶属度为顶点所连成的折线。

2.2 模糊控制的基本原理

模糊控制是以模糊集理论、模糊语言变量和模糊逻辑推理为基础的一种智能控制方法，它从行为上模仿人的模糊推理和决策过程。模糊控制的主要特点是把人对被控对象的操控经验以“模糊规则”的方式传授给机器，让机器能代替人完成操作。采用这种独特的方式控制被控对象，不仅可以消除对控制系统数学模型的依赖，而且能够做到仅凭由操作经验产生的控制规则就可以实现智能控制。模糊控制系统与通常的计算机数字控制系统的主要差别是采用了模糊控制系统。模糊控制器是模糊控制系统的核心，一个模糊控制系统的性能优劣，主要取决于模糊控制系统的结构、所采用的模糊规则、合成推理算法及模糊决策的方法等因素。

2.3 模糊控制系统的组成

模糊控制系统的组成与常规计算机控制系统具有类似的结构形式，通常是由模糊控制器、输入输出接口、执行机构、被控对象和测量装置等五个部分组成。其中，模糊控制器是模糊控制系统的核心部件。模糊控制器的基础是模糊逻辑推理，模糊逻辑控制是利用模糊逻辑建立一种“自由模型”的非线性控制算法，特别适合于那些传统定量技术分析过于复杂的被控对象，或者是定性、非精确和非确定性的被控对象。

模糊控制器主要由模糊化接口、知识库、推理机、解模糊化接口四部分组成。

1. 模糊化接口

模糊控制系统的输入必须通过模糊化才能用于控制输出的求解，因此它实际上是模糊控制系统的输入接口。模糊化是将精确的测量值转化为模糊子集，也是模糊控制的首要步骤。模糊化主要完成的工作包括测量输入变量的值，并将数字表示形式的输入量转化为通常用语言值表示的某一限定码的序数。每一个限定码表示论域内的一个模糊子集，并由其隶属度函数来定义。对于某一个输入值，它必定与某一个特定限定码的隶属度相对应。模糊化接口的设计步骤事实上就是定义语言变量的过程，可分为以下几步实现：

(1)语言变量的确定；

(2)语言变量论域的设计；

(3)定义各语言变量的语言值；

(4)定义各语言值的隶属函数。

2. 知识库

知识库由数据库和规则库两部分构成。

(1)数据库。数据库为语言控制规则的论域离散化和隶属函数提供必要的定义，所有输入、输出变量所对应的论域以及这些论域上所定义的规则库中所使用的全部模糊子集的定义都存放在数据库中。数据库还提供模糊逻辑推理必要的数据、模糊化接口和模糊判决接口相关论域的必要数据，包含语言控制规则论域的离散化、量化以及输入空间的分区、隶属函数的定义等。这些概念都是建立在经验和工程判断的基础上的，其定义带有一定的主观性。在规则推理的模糊关系方程求解过程中，数据库向推理机提供数据。模糊控制与数据库组成有关的一些重要问题包括：①论域的离散化，要使计算机能够处理模糊信息就必须对用模糊集合来表示的不确定信息进行量化；②输入输出空间的模糊划分，模糊控制规则前提部的每一个语言变量都形成一个与确定论域相对应的模糊输入空间，而结论部的语言变量则形成模糊输出空间；③基本模糊子集的隶属度函数，模糊集的隶属度函数是数据库的一个重要组成部分。通常有两种模糊集隶属度函数的表示方式：一是数字表示；二是函数表示。

(2)规则库。规则库存放模糊控制规则，由若干控制规则组成。模糊控制系统的规则是基于专家知识或手动操作人员长期积累的经验，是用一系列基于专家知识的语言来描述的，专家知识常采用"IF… THEN…"的规则形式，而这样的规则很容易通过模糊条件语句描述的模糊逻辑推理来实现。模糊控制系统用一系列模糊条件描述的模糊控制规则就构成模糊控制规则库。与模糊控制规则相关的主要有过程状态输入变量和控制输出变量的选择、模糊控制规则的建立和模糊控制规则的完整性、兼容性、干扰性等。规则库是用来存放全部模糊控制规则的，在推理时为"推理机"提供控制规则。由上可知，规则条数与模糊变量的模糊子集划分有关，划分越细，规则条数越多，但并不代表规则库的准确度越高，规则库的"准确性"还与专家知识的准确度有关。目前，模糊规则库的建立大致有：根据专家经验或过程控制知识生成控制规则、根据过程的模糊模型生成控制规则和根据学习算法获取控制规则等方法。这些方法并不是相互排斥的，在实际使用时往往要综合地利用各种方法。

3. 推理机

推理决策逻辑是模糊控制器的核心。推理决策逻辑是采用某种推理方法，由采样时刻的输入和模糊控制规则导出模糊控制器的控制量输出。推理机是模糊控制系统中，根据输入模糊量，由模糊控制规则完成模糊推理来求解模糊关系方程，并获得模糊控制量的功能部分。在模糊控制中，考虑到推理时间，通常采用运算较简单的推理方法。最基本的有 Zadeh 近似推理，它包含有正向推理和逆向推理两类。正向推理常被用于模糊控制中，而逆向推理一般用于知识工程学领域的专家系统中。常用的推理算法包括 Mamdani 模糊推理算法、Larsen 模糊推理算法、Takagi-Sugeno 模糊推理算法、Tsukamoto 模糊推理算法等。

4. 解模糊化接口

推理结果的获得，表示模糊控制的规则推理功能已经完成。但是，至此所获得的结果仍是一个模糊矢量，不能直接用来作为控制量，还必须做一次转换，求得清晰的控制量输出，即为解模糊。通常把输出端具有转换功能的部分称为解模糊化接口。常用的解模糊化方法包括最大隶属度法、左取大法、右取大法和重心法等。

2.4 模糊控制系统的结构与设计原则

2.4.1 模糊控制系统的结构

在设计模糊控制系统时,首先是根据被控对象的具体情况来确定模糊控制系统的结构。所谓模糊控制系统的结构无非就是它的输入输出变量定义、模糊化算法、模糊逻辑推理和精确化计算方法等。模糊控制系统设计的第一步就是确定控制器的输入输出变量。这在一些简单的控制系统中并没有显示出它的重要性,而对复杂系统来说,模糊控制的输入输出变量选择是极其重要的。模糊控制系统的结构根据被控对象的输入输出变量多少分为单输入-单输出结构和多输入-多输出结构;根据模糊控制系统输入变量和输出变量的多少分为一维模糊控制系统和多维模糊控制系统。其中,单输入-单输出模糊控制系统结构在模糊控制的实际应用中是相当广泛的,如加热炉的温度控制系统、速度控制系统等所有的经典控制理论能够处理的系统。单输入-单输出模糊控制结构根据模糊控制系统输入变量的多少可分为一维模糊控制系统、二维模糊控制系统和多维模糊控制系统。典型的一维模糊控制系统的输入变量为系统的误差,典型的二维模糊控制系统输入变量为系统的误差和误差变化;多输入-多输出模糊控制系统有多个独立的输入变量和一个或多个输出变量。由于多输入-多输出模糊控制是一个非常复杂的系统设计问题,因此目前还没有一套比较完整的理论来指导系统的设计。

2.4.2 模糊控制系统的设计原则

由于模糊控制系统知识库中的规则形式和推理方法不同,因此模糊控制系统具有多种多样的类型。通过对各种类型模糊控制系统的分析,现有的模糊控制系统可以归纳为 Mamdani 型和 Takagi-Sugeno 型两种基本类型,其他的类型都可视为这两种类型的改进型或变型。Mamdani 型和 Takagi-Sugeno 型也不是完全独立的,例如,规则后件采用单点模糊数的模糊控制系统既可认为是一种 Mamdani 型模糊控制系统,又可以认为是零阶 Takagi-Sugeno 型模糊控制系统。Mamdani 型和 Takagi-Sugeno 型模糊控制系统在一定条件下可以相互转化。

模糊逻辑控制是一种利用人的直觉和经验设计的控制系统,设计时不是用数学解析模型来描述受控系统的特性,所以没有一个成熟而固定的设计过程和方法,模糊控制系统设计原则如下。

(1)定义所有变量的模糊化条件。根据受控系统的实际情况,决定输入变量的测量范围和输出变量的控制作用范围,以进一步确定每个变量的论域,然后再安排每个变量的语言值及其相应的隶属函数,通常包括物理论域的量化和模糊集合的建立。在实时采样过程中,得到的输入误差精确量或误差变化必须经过量化、模糊化变成模糊量,才能利用模糊控制器进行模糊控制。经过模糊控制器中的模糊推理机作用后得到的输出量是一个模糊集合,而通常被控对象只能接受一个精确的控制量。一般来说,模糊化应遵循三个原则:一是在精确值处模糊集应有较大隶属度值;二是要求模糊器有助于克服噪音;三是有助于简化模糊推理机的计算。通常模糊器有单点模糊器、高斯模糊器及三角形模糊器等。在建立模糊集合时,需关注到一些问题:模糊集合的个数并非越多越好,增加模糊集合的个数可以提高控制精度,但也会增加控制规则的数目,从而加大了模糊推理的计算量;模糊集合在论域上的分布应满足完备性和一致性两个基本特性;两个模糊集合的隶属函数曲线的交叉点处的隶属度应适中。

(2)设计控制规则库。这是一个把专家知识和熟练操作工的经验转换为用语言表达的模糊控制规则的过程。在设计模糊控制器时,控制规则的表述通常有两种方法,即语言型和表格型。模糊规则的设计原则中控制规则的数量应适当,在满足控制精度的前提下,尽可能快地做出反应。当然,全面性和相容性也是制定控制规则时必须要考虑的。模糊控制规则的设计是模糊控制器设计的关键。控制规则的建立目前主要有三种方法:

一是专家经验法。专家经验法是总结、归纳专家的经验知识,经过进一步加工、整理、提炼,去粗取精后产生模糊控制规则的一种方法。这是一种最直接和方便的生成控制规则的方法。这里的专家不仅包括具有高深理论知识的学者,也包括熟悉被控对象及相关领域的操作人员和工程师;专家经验可以是书本上的理论知识,也可以是现场人员的实际经验,还可以是前人已经总结出来的经验,包括操作手册等。

二是根据对象的模糊模型推断控制规则。如果用语言来描述一个被控对象的动态特性,那么这种语言描述可以看作是对象的模糊模型。专家经验法提供的是一种根据已知状态(前提)得到应施加控制量的方法。但是,在有些场合下,无法找到这样的专家,而被控对象的模糊模型(或部分模型)却已知,那么就可以根据对象的模糊模型来推断相应的控制规则。

三是规则的自动生成及规则修正的自学习法。所谓规则的自动生成,就是根据测量到的系统 I/O 数据,利用一定的学习算法自动生成模糊控制规则。以上两种方法得到的模糊控制器都是静态的,不具有自学习功能。近年来,随着智能控制理论的深入和发展,模糊控制的学习能力得到了长足进展,已经有学者提出可以用粗糙集、神经网络、支持向量机等方法自动生成控制规则,并能在系统运行过程中根据一定的学习算法对规则及其相应隶属函数进行自动调整,使控制性能得到改善。目前,这方面的研究已成为智能控制的一个重要研究方向。

(3)设计模糊推理结构。这一部分可以采用通用计算机或单片机,用不同推理算法的软件程序来实现,也可采用专门设计的模糊推理硬件集成电路芯片来实现。推理的两个基本任务包括匹配和推理,其中匹配为确定当前的输入与哪些规则有关,推理即利用当前的输入和规则库中所激活规则的信息推导出结论。模糊推理算法与模糊控制规则直接相关,它的复杂性依赖于模糊规则语句中的模糊集合的隶属函数的确定。Mamdani方法是最早最常用的一种方法,也是一种比较简便的方法,它通过选择一些简单的又能反映模糊推理结果的隶属函数,就可以大大地简化模糊推理的计算过程。

(4)选择精确化策略的方法。解模糊化法主要是将模糊推理输出的模糊值,通过某一种方法转化成可以被执行机构采纳的精确值。为了得到确切的控制值,就必须对模糊推理获得的模糊输出量进行转换,这个过程称为精确化计算。这实际上是要在一组输出量中找到一个有代表性的值,其最能反映模糊推理的结果,或者说对推荐的不同输出量进行仲裁判决。

2.5 模糊控制系统的设计方法

随着求解对象(如受控系统)的不同,其问题要求、系统性质、知识类型、输入/输出条件和函数形式也不尽相同,因而对模糊系统(含模糊控制系统)的设计方法也可能不同。例如,对任意输入确定输出的系统,可按给定的逼近精度设计一个模糊系统,使其逼近某一给定函数,或者按所需精度用二阶边界设计模糊系统。又如,由输入/输出数据对描述的系统,可用查表法、梯度下降法、递推最小二乘法和聚类法等方法来设计模糊系统。下面主要介绍基于查表法和梯度下降法的模糊系统设计方法。

2.5.1 查表法

用查表法设计模糊系统的步骤如下:

(1)把输入和输出空间划分为模糊空间;

(2)由一个输入/输出数据对产生一条模糊规则;

(2)对步骤(2)中的每条规则赋予一个强度;

(4)创建模糊规则库。

模糊规则库由三个规则集合组成:①步骤(2)中产生的与其他规则不发生冲突的规则;②一个冲突规则群体中具有最大强度的规则,其中冲突规则群体是指那些具有相同的 IF 部分的规则;③来自专家的语言规则(主要指专家的显性知识)。

由于前两个规则集合是由隐性知识得到的,所以最终的规则库是由显性知识和隐性知识组成的。我们可以把一个模糊规则库描述成一个二维输入情况下的可查询的表格。该方法也可以看作是用恰当的规则来填充这个表格,这就是称其为查表法的原因。

我们可以根据步骤(4)中产生的模糊规则库来构造模糊系统。例如,可以选择带有乘积推理机、单值模糊器、中心平均解模糊器的模糊系统。

2.5.2 梯度下降法

查表法步骤(1)中的隶属函数是固定不变的,且不必根据输入/输出数据对进行优化。当对隶属函数进行优化后而选定时,就是模糊系统的另一种设计方法——梯度下降法。

采用查表法设计模糊系统时,首先由输入/输出数据对产生模糊 IF-THEN 规则,然后根据这些规则和选定的模糊推理机、模糊器、解模糊器来构造模糊系统。而采用梯度下降法设计模糊系统时,首先描述模糊系统的结构,然后允许模糊系统结构中的一些参数自由变化,最后根据输入/输出数据对确定这些自由参数。

用梯度下降法设计模糊系统的步骤如下:

(1)结构的确定和初始参数的设置。选择模糊系统并确定结构参数 M。M 越大,产生的参数越多,运算也就越复杂,但给出的逼近精度越高。设定初始参数,这些初始参数可能是根据专家的语言规则确定的,也可能是由均匀的覆盖输入/输出空间的相应的隶属函数所确定的。

(2)给出输入数据并计算模糊系统的输出。

(3)调整参数。采用学习算法计算要调整的参数。

(4)反馈,重新计算并调整参数,直至所设计的模糊系统令人满意。对于在线控制和动态辨识问题,这一步是不可行的,因为该问题给出的输入/输出数据对是以实时方式一一对应的;而对于模式识别问题,因为其输入/输出数据对是离线的,所以这一步是可行的。

2.6 MATLAB 模糊逻辑工具箱简介

MATLAB 模糊逻辑工具箱是数字计算机环境下的函数集成体,可以利用它所提供的工具在 MATLAB 框架下设计、建立及测试模糊推理系统,结合 Simulink 对模糊控制系统进行模拟仿真,也可以编写独立的C语言程序来调用MATLAB中所设计的模糊系统。针对模糊推理系统的仿真,MATLAB模糊逻辑工具箱主要提供了图形用户界面(GUI)和命令行函数两种方式。

命令行函数工具由命令行函数和用户自己编写的函数组成。表2-1给出了常用的模糊工具箱函数。

表2-1　GUI模糊工具箱函数

函数名称	函数主要作用
andisedit	打开ANFIS编辑器GUI
fuzzy	调用基本FIS编辑器
ruleedit	规则编辑器和语法编辑器
surfview	输出曲面观测器
ruleview	规则观测器和模糊推理方框图
dsigmf	由两个Sigmoid型隶属函数之差组成的隶属函数
gauss2mf	建立双高斯混合隶属函数
gaussmf	建立高斯曲线隶属函数
gbellmf	建立一般钟形隶属函数
pimf	建立π形隶属函数
psigmf	通过两个Sigmoid型隶属函数的乘积构造隶属函数
smf	建立S形隶属函数
sigmf	建立Sigmoid型隶属函数
trapmf	建立梯形隶属函数
trimf	建立三角形隶属函数
zmf	建立Z形隶属函数
addmf	向模糊推理系统的语言变量添加隶属函数
addrule	向模糊推理系统的语言变量添加规则
addvar	向模糊推理系统添加语言变量
defuzz	对隶属函数进行反模糊化
evalfis	完成模糊推理计算
evalmf	通用隶属函数计算
gensurf	生成一个模糊推理系统输出曲面
getfis	获取模糊逻辑系统的属性
mf2mf	两个隶属函数之间的转换参数
newfis	新建一个模糊推理系统
parsrule	解析模糊规则

续表

函数名称	函数主要作用
plotfis	绘制一个模糊推理系统
plotmf	绘制给定语言变量的隶属函数曲线
readfis	从磁盘中装入一个模糊推理系统
rmmf	从模糊推理系统中删除指定语言变量的指定隶属函数
rmvar	从模糊推理系统中删除指定语言变量
setfis	设置模糊逻辑系统的属性
showfis	以分行的形式显示模糊推理系统结构的所有属性
showrule	显示模糊推理系统规则
writefis	保存模糊推理系统到磁盘

图形交互工具为模糊控制系统的设计提供了一种非常简单、快速的方法，能够极大地简化设计、建立、仿真和分析模糊控制系统的过程。模糊推理系统主要包括模糊推理系统编辑器(FIS editor)、隶属函数编辑器(membership function editor)、模糊规则编辑器(rule editor)、模糊规则观测器(rule viewer)和输出曲面观测器(surface viewer)五个GUI 工具。模糊推理系统编辑器、隶属函数编辑器和模糊规则编辑器可以完成 Mamdani 型和 Sugeno 型两类模糊推理系统的结构编辑、模糊子集的隶属函数及其分布的选定、模糊规则的建立等任务，还可以实现控制效果的仿真观测和设计参数的调试。模糊规则观测器和输出曲面观测器属于只读工具，主要用于查看效果。

第3章

神经网络

3.1 神经网络理论基础

3.1.1 人工神经网络的定义

人工神经网络(artifical neural network,ANN)是指模拟人脑神经系统的结构和功能,运用大量的处理部件,由人工方式构造的网络系统。因此,ANN又称为连接机制(connectionist)、并行分布处理(parallel distributed processing)、神经计算(neural computation)与自适应网络(adaptive networks)。ANN研究始于20世纪40年代,其研究的动机是希望构造类人的智能机器与机器人,使得计算机具有人脑的又好又快、强大、复杂的信息处理能力等。实质上,ANN理论突破了传统的、线性处理的数字电子计算机的局限,是一个非线性动力学系统,并以分布式存储和并行协同处理为特色。虽然单个神经元的结构和功能极其简单有限,但是大量的神经元构成的网络系统所实现的行为却是极其丰富多彩的。ANN模型是以神经元的数学模型为基础来描述的。ANN模型由网络拓扑、节点特点和学习规则来表示。本章主要介绍应用较多的典型ANN模型,如反向传播(BP)网络、Hopfield网络及径向基函数(RBF模型)等。

3.1.2 神经元的数学模型

生物神经网络的基础在于神经元,因此ANN的基本组成单元是人工神经元。人工神经元是以生物神经系统的神经元为基础的生物模型。在人们对生物神经系统进行研究,以探讨 AI 的机制时,把神经元的客观行为、特性数学化,从而产生了神经元数学模型。大量的形式相同的人工神经元连接在一起就组成了 ANN。

人工神经元由连接权重、阈值、求和单元和激发函数组成,如图 3-1 所示。图中,x_1,x_2,…,x_n是神经元的 n 维输入,即是来自前级 n 个神经元的轴突的信息;y_i是神经元 i 的输出;连接权重 w_{i1},w_{i2},…,w_{in}分别是神经元 i 对各个输入 x_i的连接权系数,亦即突触的传递效率;$\sum$ 为求和单元,其将各输入 x_i在各连接权重 w_{ij}下求加权和;θ_i是神经元 i 的阈值;$f(\cdot)$是激发函数,它决定神经元 i 受到各输入 x_i的共同刺激下是否被激发至兴奋态。

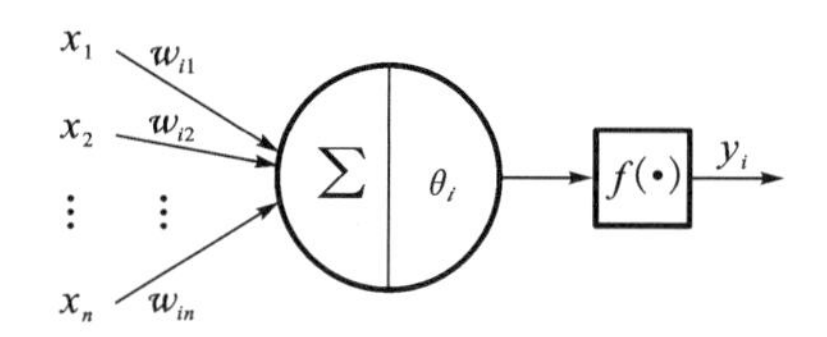

图 3-1　神经元的数学模型

从神经元的特性和功能可以知道,神经元是一个多输入单输出的信息处理单元,其信息处理可以是非线性的。根据神经元的特性和功能,可以把神经元抽象为如下一个简单的数学模型:

$$y_i = f(u_i)$$

其中 $u_i = \sum_{j=1}^{n} w_{ij} u_j - \theta_i$。

一般来说,神经元激发函数的基本作用为:控制输入对输出的激活作用;对输入、输出进行函数转换;将可能无限域的输入变换成指定的有限范围内的输出。人工神经元的激发函数 $f(\cdot)$有多种形式,最常见的有以下四种:

(1)阶跃型激发函数 $f(u_i)=\begin{cases}1, u_i>0,\\ 0, u_i\leqslant 0;\end{cases}$

(2)线性激发函数 $f(u_i)=cu_i$,其中 c 为比例系数;

(3)Sigmoid 型激发函数 $f(u_i)=\dfrac{1}{1+\exp(-cu_i)}$或 $\arctan(cu_i)$;

(4)径向基激发函数 $f(u_i)=\exp\left[\dfrac{-(u_i-c_i)^2}{\sigma^2}\right]$,其中 c_i为径向基函数的中心,σ 为径向基函数的感受野的宽度参数。

这四种激发函数是目前应用最广泛且最为人们所熟悉的神经元数学模型。其中,早期的感知器多采用阶跃型激发函数,由于阶跃型激发函数不连续可导,使得难以设计出多层感知器的学习算法,且不适宜于非线性分类问题;线性激发函数适合于描述神经元状态为连续空间的 ANN,但该 ANN 不具有非线性信息处理功能;Sigmoid 型激发函数也描述神经元状态为连续空间，但它的输出是非线性的，可以根据数值优化思想设计出有效的多层 ANN 的学习算法；径向基函数是具有径向对称特点的连续非线性函数，由于径向基激发函数具有良好的局部感知与分辨能力，所以径向基函数网络是较好的非线性分类器与逼近器。

3.2 神经网络学习算法

神经网络学习算法是神经网络智能特性的重要标志，神经网络通过学习算法实现了自适应、自组织和自学习的能力。

目前神经网络的学习算法有多种，按有无导师分类，可分为有导师学习(supervised learning)、无导师学习(unsupervised learning)和再励学习(reinforcement learning)等。在有导师的学习方式中，网络的输出与期望的输出(即导师信号)进行比较，然后根据两者之间的差异调整网络的权值，最终使差异变小，如图 3-2 所示。在无导师的学习方式中，输入模式进入网络后，网络按照一预先设定的规则(如竞争规则)自动调整权值，使网络最终具有模式分类等功能，如图 3-3 所示。再励学习是介于上述两者之间的一种学习方式。

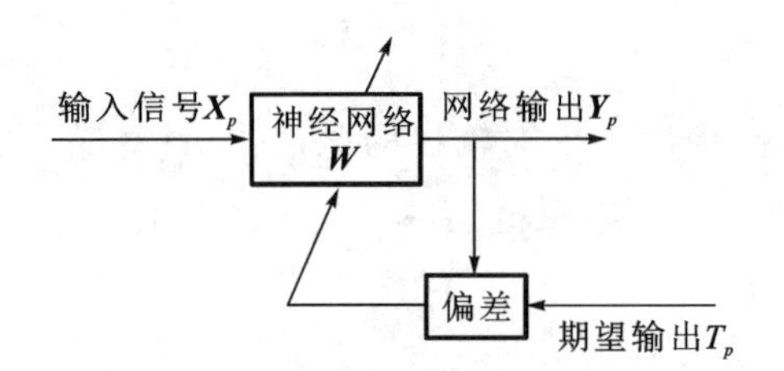

图 3-2　有导师指导的神经网络学习

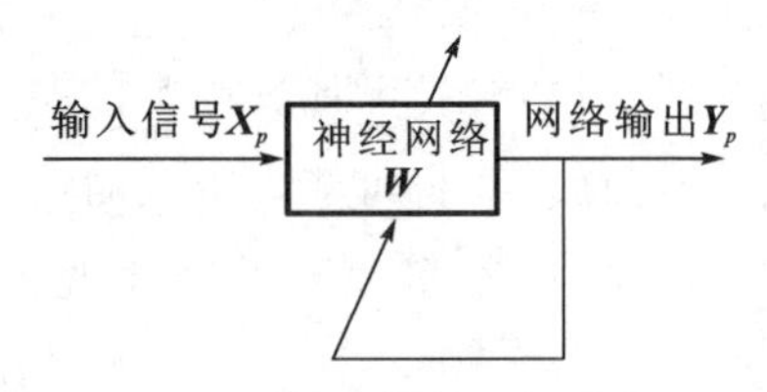

图 3-3　无导师指导的神经网络学习

下面介绍几个基本的神经网络学习算法。

3.2.1　Hebb 学习规则

Hebb 学习规则是一种联想式学习算法。生物学家 D. O. Hebbian 基于对生物学和心理学的研究，认为两个神经元同时处于激发状态时，它们之间的连接强度将得到加强，这一论述的数学描述被称为 Hebb 学习规则，即

$$w_{ij}(k+1)=w_{ij}(k)+I_iI_j \tag{3-1}$$

其中，$w_{ij}(k)$为连接从神经元 i 到神经元 j 的当前权值，I_i 和 I_j 为神经元的激活水平。

Hebb 学习规则是一种无导师的学习方法，它只根据神经元连接间的激活水平改变权值，因此，这种方法又称为相关学习或并联学习。

3.2.2 Delta(δ)学习规则

假设误差准则函数为

$$E = \frac{1}{2}\sum_{p=1}^{P}(d_p - y_p)^2 = \sum_{p=1}^{P}E_p \tag{3-2}$$

其中，d_p 代表期望的输出（导师信号）；y_p 为网络的实际输出，$y_p = f(\boldsymbol{W}\boldsymbol{X}_p)$；$\boldsymbol{W}$ 为网络所有权值组成的向量，即

$$\boldsymbol{W}=(w_0, w_1, \cdots, w_n)^{\mathrm{T}} \tag{3-3}$$

$\boldsymbol{X}_p$ 为输入模式，即

$$\boldsymbol{X}_p=(x_{p0}, x_{p1}, \cdots, x_{pn})^{\mathrm{T}} \tag{3-4}$$

其中，训练样本数为 $p=1,2,\cdots,P$。

神经网络学习的目的是通过调整权值 $\boldsymbol{W}$，使误差准则函数最小。可采用梯度下降法来实现权值的调整，其基本思想是沿着 E 的负梯度方向不断修正 $\boldsymbol{W}$ 值，直到 E 达到最小，这种方法的数学表达式为

$$\Delta\boldsymbol{W}=\eta\left(-\frac{\partial E}{\partial \boldsymbol{W}_{\mathrm{i}}}\right) \tag{3-5}$$

$$\frac{\partial E}{\partial \boldsymbol{W}_{\mathrm{i}}} = \sum_{p=1}^{P}\frac{\partial E_p}{\partial \boldsymbol{W}_{\mathrm{i}}} \tag{3-6}$$

其中

$$E_p=\frac{1}{2}(d_p-y_p)^2 \tag{3-7}$$

令 $\theta_p=\boldsymbol{W}x_p$，则

$$\frac{\partial E_p}{\partial \boldsymbol{W}_{\mathrm{i}}} = \frac{\partial E_p}{\partial \theta_p}\frac{\partial \theta_p}{\partial \boldsymbol{W}_{\mathrm{i}}} = \frac{\partial E_p}{\partial y_p}\frac{\partial y_p}{\partial \theta_p}\boldsymbol{X}_{\mathrm{i}p} = -(d_p - y_p)f'(\theta_p)\boldsymbol{X}_{\mathrm{i}p} \tag{3-8}$$

$\boldsymbol{W}$ 的修正规则为

$$\Delta\boldsymbol{W}_{\mathrm{i}} = \eta\sum_{p=1}^{P}(d_p - y_p)f'(\theta_p)\boldsymbol{X}_{\mathrm{i}p} \tag{3-9}$$

上式称为 δ 学习规则，又称误差修正规则。

3.2.3 BP 网络学习算法

1. BP 网络误差与网络学习

当网络输出与期望输出不同时，认为网络存在误差，并定义误差为

$$E=\frac{1}{2}(d-T)^2=\frac{1}{2}\sum_{k=1}^{q}(d_k-t_k)^2 \tag{3-10}$$

由式(3-10)可得

$$\begin{aligned}E&=\frac{1}{2}\sum_{k=1}^{q}[d_k-f(\text{net}_k)]^2=\frac{1}{2}\sum_{k=1}^{q}\left[d_k-f\left(\sum_{j=0}^{p}v_{jk}y_j\right)\right]^2\\&=\frac{1}{2}\sum_{k=1}^{q}\left\{d_k-f\left[\sum_{j=0}^{p}v_{jk}f\left(\sum_{i=0}^{n}w_{ij}p_i\right)\right]\right\}^2\end{aligned} \tag{3-11}$$

显然 BP 网络的计算误差是各层权值 w_{ij}，v_{jk} 的函数，通过调整权值可以改变误差 E 的大小，这里网络隐含层和输出层的阈值信息包含在权值里。由数值分析理论可知，为使误差不断地减小，应按照误差的梯度下降方向调整权值，即

$$\Delta w_{ij}=-\eta\frac{\partial E}{\partial w_{ij}}\ (i=0,1,2,\cdots,n;j=1,2,\cdots,p) \tag{3-12}$$

$$\Delta v_{jk}=-\eta\frac{\partial E}{\partial v_{jk}}\ (j=0,1,2,\cdots,p;k=1,2,\cdots,q) \tag{3-13}$$

其中，$\eta\in(0,1)$为学习速率。

2. BP 算法推导

推导三层 BP 算法权值调整计算式，并做以下约定：对于输出层，均有 $j=0,1,2,\cdots,p$；$k=1,2,\cdots,q$；对于隐含层，均有 $i=0,1,2,\cdots,n$；$j=1,2,\cdots,p$。

对于输出层，考虑到 $\text{net}_k=\sum_{j=0}^{p}v_{jk}y_j$，有

$$\frac{\partial \text{net}_k}{\partial v_{jk}}=\frac{\partial}{\partial v_{jk}}\left(\sum_{j=0}^{p}v_{jk}y_j\right)=y_i$$

则权值 v_{jk} 的调整量为

$$\Delta v_{jk}=-\eta\frac{\partial E}{\partial v_{jk}}=-\eta\frac{\partial E}{\partial \text{net}_k}\frac{\partial \text{net}_k}{\partial v_{jk}}=-\eta\frac{\partial E}{\partial \text{net}_k}y_j \tag{3-14}$$

考虑到 $t_k=f(\text{net}_k)$，有

$$\frac{\partial E}{\partial \text{net}_k}=\frac{\partial E}{\partial t_k}\frac{\partial t_k}{\partial \text{net}_k}=\frac{\partial E}{\partial t_k}f'(\text{net}_k) \tag{3-15}$$

则式(3-14)可改写为

$$\Delta v_{jk}=-\eta\frac{\partial E}{\partial \text{net}_k}y_j=-\eta\frac{\partial E}{\partial t_k}f'(\text{net}_k)y_j \tag{3-16}$$

可得 $\frac{\partial E}{\partial t_k}=-(d_k-t_k)$，并且 Sigmoid 型激活函数 $\frac{\partial E}{\partial t_k}=-(d_k-t_k)$，从而有

$$f'(x)=\left(\frac{1}{1+\mathrm{e}^{-x}}\right)'=\frac{-\mathrm{e}^{-x}}{(1+\mathrm{e}^{-x})^2}=f(x)[1-f(x)] \tag{3-17}$$

代入式(3-16)得

$$\Delta v_{jk} = -\eta \frac{\partial E}{\partial t_k} f'(\text{net}_k) y_j = \eta (d_k - t_k) t_k (1 - t_k) y_j \tag{3-18}$$

对于隐含层，考虑到 $\text{net}_j = \sum_{i=1}^{n} w_{ij} p_i$，有

$$\frac{\partial \text{net}_j}{\partial w_{ij}} = \frac{\partial}{\partial w_{ij}} \left(\sum_{i=0}^{n} w_{ij} p_i \right) = p_i$$

则权值 w_{ij} 的调整量为

$$\Delta w_{ij} = -\eta \frac{\partial E}{\partial w_{ij}} = -\eta \frac{\partial E}{\partial \text{net}_j} \frac{\partial \text{net}_j}{\partial w_{ij}} = -\eta \frac{\partial E}{\partial \text{net}_j} p_i \tag{3-19}$$

考虑到 $y_j = f(\text{net}_j)$，有

$$\frac{\partial E}{\partial \text{net}_j} = \frac{\partial E}{\partial y_i} \frac{\partial y_i}{\partial \text{net}_j} = \frac{\partial E}{\partial y_j} f'(\text{net}_j) \tag{3-20}$$

则式(3-19)可改写为

$$\Delta w_{ij} = -\eta \frac{\partial E}{\partial \text{net}_j} p_i = -\eta \frac{\partial E}{\partial y_j} f'(\text{net}_j) p_i \tag{3-21}$$

式(3-21)与式(3-16)类似，但是由于不能直接求得 $\frac{\partial E}{\partial y_j}$，所以可以通过间接变量分析，考虑到 $\text{net}_k = \sum_{j=0}^{p} v_{jk} y_j \ (k=1,2,\cdots,q)$，因此有

$$\begin{aligned} \frac{\partial E}{\partial y_j} &= \sum_{k=1}^{q} \left(\frac{\partial E}{\partial \text{net}_k} \cdot \frac{\partial \text{net}_k}{\partial y_j} \right) = \sum_{k=1}^{q} \left[\frac{\partial E}{\partial \text{net}_k} \cdot \frac{\partial}{\partial y_j} \left(\sum_{j=0}^{p} v_{jk} y_j \right) \right] \\ &= \sum_{k=1}^{q} \left(\frac{\partial E}{\partial \text{net}_k} \cdot v_{jk} \right) \end{aligned} \tag{3-22}$$

将式(3-22)代入式(3-21)得

$$\begin{aligned} \Delta w_{ij} &= -\eta \frac{\partial E}{\partial \text{net}_j} p_i = -\eta \sum_{k=1}^{q} \left(\frac{\partial E}{\partial \text{net}_k} \cdot v_{jk} \right) f'(\text{net}_j) p_i \\ &= -\eta \sum_{k=1}^{q} [(d_k - t_k) t_k (1 - t_k) \cdot v_{jk}] \cdot y_j (1 - y_j) p_i \end{aligned} \tag{3-23}$$

在式(3-18)和式(3-23)中根据通用学习规则，定义输出层神经元 k 的学习信号为 r_k^v，隐含层神经元 j 的学习信号为 r_j^w，其中 w 和 v 分别表示隐含层和输出层，k 和 j 是神经元序号，则有

$$r_k^v = -(d_k - t_k) t_k (1 - t_k) \tag{3-24}$$

$$r_j^w = -\sum_{k=1}^{q} [(d_k - t_k) t_k (1 - t_k) \cdot v_{jk}] \cdot y_j (1 - y_j) \tag{3-25}$$

输出层和隐含层的误差调整算式可以改统一写为

$$\Delta v_{jk} = \eta r_k^v y_j \tag{3-26}$$

$$\Delta w_{ij} = \eta r_j^w p_i \tag{3-27}$$

由式(3-23)可知,隐含层的某神经元误差是由输出层各神经元误差与自身共同决定的,隐含层误差是由输出层误差反传而得到的。推导可知,这一特征对于多隐含层的 BP 网络误差计算同样适用。

3. BP 神经网络工具箱函数介绍

在 MATLAB 工作空间的命令行输入“help backprop”,便可得到与 BP 神经网络相关的函数,并得到相关函数的详细介绍。

(1)BP 神经网络创建函数 newff()。

格式:net=newff 或 net=newff(PR,[S1 S2 … SN],{TF1 TF2 … TFN},BTF,BLF,PF)

说明:

net——生产新的 BP 神经网络;

PR——输入矩阵,由输入元素的最大值和最小值组成的 R×2 矩阵;

[S1 S2 … SN]——网络隐含层和输出层的神经元个数;

{TF1 TF2 … TFN}——网络隐含层和输出层的传输函数,默认值为“tansig”;

BTF——BP 网络的训练函数,默认值为“trainlm”;

BLF——BP 网络权值和阈值的学习函数,默认值为“learngdm”;

PF——BP 网络的性能函数,默认值为“mse”。

(2)BP 神经网络初始化函数 initff()。

格式:

[w,b]=initff(PR,S,'Tf')

[w1,b1,w2,b2]=initff(PR,S1,'Tf1',S2,'Tf2')

[w1,b1,w2,b2,w3,b3]=initff(PR,S1,'Tf1',S2,'Tf2',S3,'Tf3')

说明:

wi——BP 神经网络初始化后各层的权值矩阵,i=1,2,3;

bi——BP 神经网络初始化后各层的偏差值矩阵,i=1,2,3;

PR——输入矩阵,由输入元素的最大值和最小值组成的 R×2 矩阵;

Si——BP 神经网络各层的神经元个数,i=1,2,3;

Tfi——BP 神经网络各层的传输函数,i=1,2,3。

(3)BP 神经网络学习规则函数 learnbp()。

格式:[dw,db]=learnbp(X,delta,lr)

说明:

dw——BP 神经网络的权值修正矩阵;

db——BP 神经网络的偏值修正向量;

X——BP神经网络本层的输入向量；

delta——BP神经网络误差导数矢量；

1r——BP神经网络的学习速率。

BP神经网络学习规则为调整网络的权值和偏差值，使该网络误差的平方和为最小。通过在梯度下降最陡方向上，不断地调整网络的权值和偏差值来达到。

(4)BP神经网络快速训练前向网络函数 trainbpx()。

格式：

```
[w,b,te,tr]=trainbpx(w,b,'Tf',X,T,tp)
[w1,b1,w2,b2,te,tr]=trainbpx(w1,b1,'Tf1',w2,b2,'Tf2',X,T,tp)
[wl,bl,w2,b2,w3,b3,te,tr]=trainbpx(w1,bl,'Tf1',w2,b2,'Tf2',w3,b3,'Tf3',X,T,tp)
```

wi——BP神经网络训练前后各层的权值矩阵，i=1,2,3；

bi——BP神经网络训练前后各层的偏差值向量，i=1,2,3；

te——BP神经网络的实际训练次数；

tr——BP神经网络训练误差平方和的行向量；

Tfi——BP神经网络各层的传输函数，i=1,2,3；

X——BP神经网络各层的输入向量，i=1,2,3；

T——BP神经网络的目标向量；

tp——BP神经网络训练控制参数，设定训练方式。tp(1)：设定训练间隔次数，默认值为25；tp(2)：设定训练循环次数，默认值为100；tp(3)：设定目标误差值平方和，默认值为0.02；tp(4)：设定网络的训练速率，默认值为0.01；tp(5)：设定网络训练速率的增长系数，默认值为1.05；tp(6)：设定网络训练速率的减小系数，默认值为0.7；tp(7)：设定网络训练动量常数值，默认值为0.9；tp(8)：设定BP网络训练的最大误差率，默认值为1.05。

(5)BP神经网络仿真函数 simuff()。

格式：

```
y=simuff(X,w,b,'Tf')
[y1,y2]=simuff(X,wl,b1,'Tf1',w2,b2,'Tf2')
[y1,y2,y3]=simuff(X,w1,b1,'Tf1',w2,b2,'Tf2',w3,b3,'Tf3')
```

说明：

yi——BP神经网络各层的输出向量矩阵，i=1,2,3；

X——BP神经网络的输入向量；

wi——BP神经网络各层的权值矩阵，i=1,2,3；

bi——BP神经网络各层的偏差值矩阵，i=1,2,3；

Tfi——BP神经网络各层的传输函数，i=1,2,3。

3.2.4 RBF 网络的学习算法

广义 RBF 网络的设计需要考虑三种参数：各激活函数的数据中心、扩展常数，以及输出节点的权值。广义 RBF 网络的设计方法较多，并不断发展，下面介绍一种数据中心的聚类算法。

该方法分两个步骤：第一步采用 K-均值法确定数据中心，并确定扩展常数；第二步为监督学习，其任务为训练输出层的权值。

1. K-均值法确定数据中心

该步骤要解决的问题是，将数量为 S 的样本集划分成一定数量的子集，即聚类。聚类准则公式如下：

$$J_e = \sum_{i=1}^{k} \sum_{u \in \Gamma} \| u - c_i \|^2 \tag{3-28}$$

其中，u 是子集中的任意样本；c_i 为第 i 个子集的样本均值；$\|\cdot\|$ 表示样本间欧氏距离。准则的含义是求 k 个子集中的各类样本 u 与其所属样本均值 c_i。准则函数与 k 类的均值有关，故称 K-均值法。下面是 K-均值法的算法步骤：

(1)将各样本分为 k 个聚类 $\Gamma_i(i=1,2,\cdots,k)$，计算各聚类初始均值 $c_i(k)(i=1,2,\cdots,k)$；

(2)对每一个输入样本 $p^r(r=1,2,\cdots,S)$，根据其与聚类中心的最小欧式距离确定其聚类 Γ_i，即

$$\min \| p^r - c_i(k) \| \ (r=1,2,\cdots,S;i=1,2,\cdots,k) \tag{3-29}$$

(3)更新各聚类的中心，令各聚类中心为聚类中的样本均值；

(4)计算 J_e，判断 J_e 的增加量是否小于设定值，满足则停止，否则 k 加 1，返回步骤(2)。

2. 确定扩展常数

各聚类中心确定后，可根据各中心之间的距离确定对应径向基函数的扩展常数。令

$$d_j = \min_i \| c_j - c_i \| \tag{3-30}$$

则扩展常数取 $\delta_j = \lambda d_j$，其中 λ 为重叠系数。

3. 调整隐藏层至输出层权值

可以用梯度法来调节权值矩阵 $\boldsymbol{W}$，迭代公式如下：

$$\boldsymbol{W}(t+1) = \boldsymbol{W}(t) + \eta(T-D)\boldsymbol{\Phi}^{\mathrm{T}} \tag{3-31}$$

由于输出为线性单元，因而可以确保梯度算法收敛于全局最优解。

3.2.5 Hopfield 神经网络

Hopfield 分别在 1982 年和 1984 年发表了其著名文章"Neural networks and physical systems with emergent collective computational abilities"和"Neurons with graded response have collective computational properties like those of two-state neurons",从而揭开了反馈神经网络研究的新篇章。在这两篇文章中,他提出了一种具有相互连接的反馈型神经网络模型,将其定义的"能量函数"概念引入神经网络研究中,给出了网络的稳定性判据。他用模拟电子电路实现了所提出的模型,并成功地用神经网络方法实现了 4 位 A/D 转换。所有这些有意义的成果不仅为神经网络硬件的实现奠定了基础,也为神经网络的智能信息处理开拓了新途径(如联想记忆、优化问题求解等)。从时域上来看,Hopfield 神经网络可以用一组耦合的非线性微分方程来表示。下面会看到,当网络神经元之间的连接权系数是齐次对称时,可以找到 Lyapunov 能量函数来描述此非线性动力学系统。而且已经证明,此神经网络无论在何种初始状态下都能渐渐趋于稳定态。在一定的条件下,Hopfield 神经网络可以用作联想存储器。Hopfield 神经网络得到广泛应用的另一个特点是它具备快速优化能力,并将其成功地用于推销员旅行路径优化问题。Hopfield 神经网络的主要贡献在于成功地实现了联想记忆和快速优化计算。

下面分别介绍二值型的 Hopfield 神经网络和连续型的 Hopfield 神经网络。

1. 二值型的 Hopfield 神经网络

二值型的 Hopfield 神经网络又称离散型 Hopfield 神经网络(简记为 DHNN)。这种网络结构只有一个神经元层次。每个处理单元均有一个活跃值,又可称为状态,它取两个可能的状态值之一,通常用 0 和 1 或 −1 和 1 来表示神经元的两个状态,即抑制和兴奋。整个网络的状态由单一神经元状态组成。网络的状态可用一个由 0 和 1 或 −1 和 1 组成的矢量来表示,其中每一元素对应于某个神经元的状态。通常二值型的 Hopfield 神经网络可以用如下节点方程式来描述:

$$\mathrm{Net}_j(k) = \sum_{j=1}^{N} w_{ij} y_j(k) + \theta_i \tag{3-32}$$

$$y_i(k+1) = f(\mathrm{Net}_i(k)) \tag{3-33}$$

式中,k 表示时间变量;θ_i 表示外部输入;y_i 表示神经元输出;Net_i 表示神经元内部状态;f 表示阈值函数。

二值型 Hopfield 神经网络的结构如图 3-4 所示。神经元之间实现全连接,即每个神经元的输出都通过权系数 w_{ij} 反馈到所有其他神经元(包括自身神经元)。

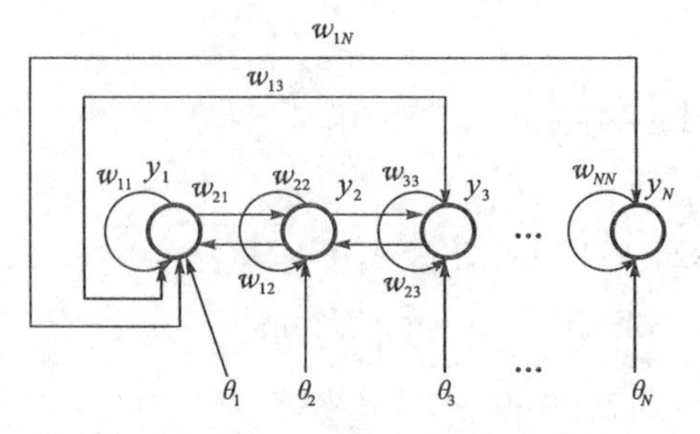

图 3-4 二值型 Hopfield 神经网络的结构

对于 n 个节点的离散 Hopfield 神经网络，有 2^n 个可能的状态，网络状态可以用一个包含 0 和 1 的矢量来表示，如 $\boldsymbol{Y}=(y_1, y_2, \cdots, y_n)$。每一时刻整个网络处于某一状态。状态变化采用随机性异步更新策略，即随机地选择下一个要更新的神经元，且允许所有神经元节点具有相同的平均变化概率。节点状态更新包括三种情况：$0\rightarrow1$、$1\rightarrow0$ 或状态保持。某一时刻网络中只有一个节点被选择进行状态更新，当该节点状态变化时，网络状态就可以以某一概率转移到另一状态；当该节点状态保持时，网络状态更新的结果保持前一时刻的状态。一般情况下，Hopfield 神经网络能从某一初始状态开始经多次更新达到某一稳定状态。给定网络的权值和阈值，就可以确定网络的状态转移序列。

2. 离散 Hopfield 神经网络

离散 Hopfield 神经网络实质上是一个离散的非线性动力学系统。因此，若系统是稳定的，则它可以从任一初态收敛到一个稳定状态；若系统是不稳定的，则由于网络节点输出只有 0 和 1 或 -1 和 1 两种状态，因此系统不可能出现无限发散，只可能出现限幅自持振荡或极限环。

若将稳态视为一个记忆样本，那么初态朝稳态收敛过程便是寻找记忆样本的过程。初态可认为是给定样本的部分信息，网络改变的过程可认为是从部分信息找到全部信息，从而实现联想记忆的过程。

若将稳态与某种优化计算的目标函数相对应，并作为目标函数的极值点，那么初态朝稳态收敛的过程便是优化计算过程。

DHNN 的学习只是在此神经网络用于联想记忆时才有意义。其实质是通过一定的学习规则自动调整连接权值，使网络具有期望的能量井分布，并经记忆样本存储在不同的能量井上。

3.3 神经网络控制

神经网络的智能处理能力及控制系统所面临的愈来愈严重的挑战是神经网络控制的发展动力。所谓神经网络控制，就是将神经网络与控制理论相结合而产生的智能控制方法，是指在控制系统中采用神经网络这一工具对难以精确描述的复杂非线性对象进行建模，或充当控制器，或优化计算，或进行推理，或故障诊断等，以及同时兼有上述某些功能的适当组合，将这样的系统称为基于神经网络的控制系统，称这种控制方式为神经网络控制。神经网络具有很强的自学习能力和对非线性系统的强大映射能力，为解决复杂的非线性、不确定、不确知系统的控制问题开辟了新的途径。神经网络控制的优越性主要表现为下列重要特性：

(1)并行分布处理。神经网络具有高度的并行结构和并行实现能力，因而具有较强的容错性和较快的总体处理能力。这一特点特别适用于实时控制和动态控制。

(2)非线性映射。神经网络在本质上是非线性系统，可以实现任意非线性映射。这一特性给非线性控制问题带来了新的希望。

(3)通过训练进行学习。神经网络是通过研究系统过去的数据记录进行训练的，一个经过适当训练的神经网络具有归纳全部数据的能力。因此，神经网络能够处理那些用数学模型或描述规则难以处理的控制过程问题。

(4)适应与集成。神经网络能够适应在线运行，并能同时进行定量和定性操作。神经网络的强适应和信息融合能力使得网络能够同时处理大量不同类型的输入信号，很好地解决输入信息之间的互补性和冗余性问题，并实现信息集成和融合处理。这些特性特别适用于复杂、大规模和多变量系统的控制。

(5)硬件实现。神经网络不仅能够通过软件而且可以借助硬件实现并行处理。大规模集成电路技术的发展为神经网络的硬件实现提供了技术手段，为神经网络在控制中的应用开辟了广阔的前景。

神经网络控制的研究始于20世纪60年代，1960年，Widrow和Hoff首先把神经网络用于控制系统。Kilmer和McCulloch提出了KMB神经网络模型，并在“阿波罗”登月计划中应用，取得了良好的效果。1964年，Widrow等用神经网络对小车倒立摆系统控制取得了成功。20世纪70年代神经网络研究处于低谷，所以神经网络控制没有再发展。在80年代后期开始，神经网络控制随着形势发展又重新受到重视，但大多数集中在自适应控制方法上。目前，神经网络控制正朝着智能控制更深层次的方向发展。由于神经网络本身具备传统的控制手段无法实现的一些优点和特征，使得神经网络控制系统的研究发展迅速，已取得进展包括：①基于神经网络的系统辨识，可在已知常规模型结构的情况下，估计模型的参数；或利用神经网络的线性、非线性特性，建立线性、非线性系统的静态、动态、逆动态及预测模型；②神经网络控制器，神经网络作为实时控制系统的控制器，可实现对不确定系统或未知系统进行有效的控制，使控制系统达到所要求的动态、静态特性；③神经网络与其他算法相结合，神经网络与专家系统、模糊逻辑、遗传算法等相结合可构成新型控制器；④优化计算，在常规控制系统的设计中，常遇到求解约束优化问题，神经网络为这类问题提供了有效的途径；⑤控制系统的故障诊断，利用神经网络的逼近特性，可对控制系统的各种故障进行模式识别，从而实现控制系统的故障诊断。

第4章

群智能算法

在经历了20世纪80年代整整10年的人工智能发展高潮后，由于方法论上始终没有突破经典计算思想的藩篱，人工智能的研究前景又一次变得暗淡无光。然而，生命科学却以前所未有的速度迅猛发展，对生物启发式计算的研究成为人工智能迎接新发展的重要契机。人们从生物进化的机理中受到启发，提出了许多用以解决复杂优化问题的新方法，如遗传算法、进化规划、进化策略等。群智能算法作为一种新兴的演化计算技术已成为越来越多研究者的关注焦点，它与人工生命，特别是进化策略及遗传算法有着极为特殊的联系。群智能中的群体指的是“一组相互之间可以进行直接通信或者间接通信（通过改变局部环境）的主体（agent），这组主体能够合作进行分布式的问题求解”，而群智能则是指“无智能的主体通过合作表现出智能行为的特性”。群智能在没有集中控制且不提供全局模型的前提下，为寻找复杂的分布式问题求解方案提供了基础。目前，群智能理论研究领域主要有蚁群算法（ant colony optimization，ACO）和粒子群优化算法（particle swarm optimization，PSO）。广义上讲，遗传算法、免疫算法也属于群智能算法范畴，均通过群体可行解经过演变得到最优解。蚁群算法是对蚂蚁群落食物采集过程的模拟，已成功应用于许多离散优化问题。粒子群优化算法也是起源于对简单社会系统的模拟，最初是模拟鸟群觅食的过程，但后来发现它是一种很好的优化工具。

与大多数基于梯度应用优化算法不同，群智能依靠的是概率搜索算法。虽然概率搜索算法通常要采用较多评价函数，但与梯度方法及传统的演化算法相比，其优点还是显著的，例如：无集中控制约束，具备更强的鲁棒性；以非直接的信息交流方式确保了系统的扩展性；并行分布式算法模型，可充分利用多处理器，更适合于网络环境下的工作状态；对问题定义的连续性无特殊要求；算法实现简单。

群智能算法共同的特点是均基于概率计算的随机搜索进化算法，算法在结构、研究内容、方法及步骤上有较大的相似性。因此，群智能算法理论框架为：算法从一组初始解出发，计算适应值，根据某种规则产生下一组解，如此重复直到满足迭代次数或某种收敛条件，输出最优解。

4.1 遗传算法基本原理

遗传算法(genetic algorithm,GA)是一种解决复杂问题的有效方法,是以达尔文的进化论为基础的搜索算法。该算法的突出特点是它包含了与生物遗传及进化很相像的步骤:选择、复制、交叉、重组和变异。

4.1.1 遗传算法的发展

遗传算法研究的历史比较短,20世纪60年代末期到70年代初期,主要由美国密歇根大学的John Holland与其同事、学生们研究形成了一套较完整的理论和方法,从试图解释自然系统中生物的复杂适应过程入手,模拟生物进化的机制来构造人工系统的模型。随后经过20余年的发展,取得了丰硕的应用成果和理论研究进展,特别是近年来世界范围形成的进化计算热潮,计算智能已作为人工智能研究的一个重要方向,以及后来的人工生命研究的兴起,使遗传算法受到广泛的关注。从1985年在美国卡耐基·梅隆大学召开的第一届国际遗传算法会议(ICGA 85),到1997年5月的IEEE Transactions on Evolutionary Computation创刊,遗传算法作为具有系统优化、适应和学习的高性能计算和建模方法的研究渐趋成熟。

20世纪60年代,John Holland教授和他的学生受到生物模拟技术的启发,认识到自然遗传可以转化为人工遗传算法。1962年,John Holland提出了利用群体进化模拟适应性系统的思想,引进了群体、适应值、选择、变异、交叉等基本概念。

1967年,J. D. Bagely在其博士论文中首次提出了“遗传算法”的概念。

1975年,John Holland出版了《自然与人工系统中的适应性行为》,该书系统地阐述了遗传算法的基本理论和方法,提出了遗传算法的基本定理——模式定理,从而奠定了遗传算法的理论基础。同年,De Jong在其博士论文中首次把遗传算法应用于函数优化问题,对遗传算法的机理与参数进行了较为系统的研究,并建立了著名的五函数测试平台。

20世纪80年代初,John Holland教授实现了第一个基于遗传算法的机器学习系统——分类器系统(classifier system,CS),开创了基于遗传算法的机器学习的新概念。

1989年,David E. Goldberg出版了《搜索、优化和机器学习中的遗传算法》,该书全面、系统地总结了当时关于遗传算法的研究成果,结合大量的实例,完整地论述了遗传算法的基本原理及应用，奠定了现代遗传算法的基础。

1992 年，John R. Koza 出版了专著《遗传编程》，并成功地把遗传编程的方法应用于人工智能、机器学习、符号处理等方面。随着遗传算法的不断深入和发展，关于遗传算法的国际学术活动越来越多，遗传算法已成为一个多学科、多领域的重要研究方向。

4.1.2 遗传算法的特点

遗传算法具有进化计算的所有特征，同时又具有其自身的特点：

(1)直接处理的对象是决策变量的编码集，而不是决策变量的实际值本身，搜索过程既不受优化函数的连续性约束，也没有优化函数导数必须存在的要求。

(2)遗传算法采用多点搜索或者说是群体搜索，具有很高的隐含并行性。遗传算法是一种自适应搜索技术，其选择、交叉、变异等运算都是以一种概率方式来进行，从而增加了搜索过程的灵活性，同时能以很大的概率收敛于最优解，具有较好的全局优化求解能力。

(3)遗传算法直接以目标函数值为搜索信息，对函数的性态无要求，具有较好的普适性和易扩充性；同时，可以把搜索范围集中到适应度较高的部分搜索空间中，从而提高了搜索效率。

(4)遗传算法的基本思想简单，运行方式和实现步骤规范，便于具体使用。

4.1.3 遗传算法的基本概念

遗传算法是建立在自然选择和群体遗传学机理基础上的随机迭代和进化，具有广泛适用性的搜索方法，具有很强的全局优化搜索能力。它模拟了自然选择和自然遗传过程中发生的繁殖、交配和变异现象，根据适者生存、优胜劣汰的自然法则，利用遗传计算于选择、交叉和变异，逐代产生优选个体(候选解)，最终搜索到较优的个体。因此，这个算法要用到各种进化和遗传学的概念：

(1)串(string)——它是个体的形式，在算法中为二进制串，并且对应于遗传学中的染色体。

(2)群体(population)——个体的集合称为群体，串是群体的元素。

(3)群体大小(population size)——在群体中个体的数量称为群体的大小。

(4)基因(gene)——基因是串中的元素，基因用于表示个体的特征。例如，串 $S=1011$，则其中的 1、0、1、1 这四个元素分别称为基因。

(5)基因位置——各基因在串中的位置称为基因位置，有时也简称基因位。基因位置由串的左向右数。

(6)基因特征值(gene feature)——在用串表示整数时，基因的特征值与二进制数的权一致。例如，在串 $S=1011$ 中，基因位置 3 中的 1，它的基因特征值为 2。

(7)串结构空间——在串中，基因任意组合所构成的串的集合。基因操作是在结构空间中进行的。

(8)参数空间——这是串空间在物理系统中的映射。

(9)适应度(fitness)——某个体对环境的适应程度。

4.1.4　遗传算法的基本操作

遗传算法包括编码、解码、选择、交叉、变异和适应度等操作。这些基本操作又有许多不同的方法，下面逐一进行介绍。

1. 编码与解码

编码是应用遗传算法时要解决的首要问题，也是设计遗传算法时的一个关键。在遗传算法中，把一个问题的可行解从其解空间转换到遗传算法所能处理的搜索空间的转换方法称为编码。

1)二进制编码

假设种群中个体数目为 n，$\boldsymbol{x}_t^i$ 表示第 t 代的第 i 个个体，$i\in\{1,2,\cdots,n\}$。每个个体用 l 位二进制表示。这样每个个体 $\boldsymbol{x}_t^i\in\{IB\}^{ml}$，$IB\in\{0,1\}$，这样每个个体基因位数目 $L=ml$。个体 $\boldsymbol{x}_t^i$ 可以表示为 ml 维的行向量，即

$$\boldsymbol{x}_t^i=[x_t^{i(1)},\cdots,x_t^{i(l)};x_t^{i(l+1)},\cdots,x_t^{i(2l)},\cdots,x_t^{i((m-1)l+1)},\cdots,x_k^{i(ml)}]$$

第 t 代种群 $\boldsymbol{x}_t$ 可以表示为一个 $n\times ml$ 的矩阵

$$\boldsymbol{x}_t=[\boldsymbol{x}_t^1,\boldsymbol{x}_t^2,\cdots,\boldsymbol{x}_t^n]^{\mathrm{T}}$$

个体 $\boldsymbol{x}_t^i$ 的第 k 个长度为 l 的二进制码串转化为实数的解码函数：

$$\Gamma(\boldsymbol{x}_t^i,k)=u_k+\frac{v_k-u_k}{2^l-1}\left(\sum_{j=1}^{l}x_t^{i(kl+j)}\times 2^{j-1}\right)\tag{4-1}$$

式中，v_k 和 u_k 分别为第 k 个实数范围的上限和下限。

二进制编码的优点在于编码、解码操作简单，交叉、变异等遗传操作便于实现，而且便于利用模式定理进行理论分析等；其缺点在于不便于反映所求问题的特定知识，对于一些连续函数的优化问题等，由于遗传算法的随机性而使得其局部搜索能力较差，对于一些多维、高精度要求的连续函数优化，二进制编码存在着连续函数离散化时的映射误差，个体编码较短时，可能达不到精度要求。

2)实数编码

假设种群中个体数目为 n，$\boldsymbol{x}_t^i$ 表示第 t 代的第 i 个个体，$i\in\{1,2,\cdots,n\}$。每个个体的基因位数目 $L=m$。由 m 个实数构成，个体 $\boldsymbol{x}_t^i\in\mathbf{R}^m$，$\boldsymbol{x}_t^i$ 可以表示为 m 维的行向量，即

$$x_t^i = [x_t^{i(1)}, x_t^{i(2)}, \cdots, x_t^{i(m)}]$$

这样，第 t 代种群 $\boldsymbol{x}_t$ 可以表示为一个 $n \times m$ 的矩阵

$$\boldsymbol{x}_t = [\boldsymbol{x}_t^1, \boldsymbol{x}_t^2, \cdots, \boldsymbol{x}_t^n]^{\mathrm{T}}$$

初始种群矩阵 $\boldsymbol{x}_0 = [\boldsymbol{x}_0^1, \boldsymbol{x}_0^2, \cdots, \boldsymbol{x}_0^n]^{\mathrm{T}}$ 中没有相同的两行，每列中没有相同的元素，即种群中所有个体互异，对任意 $i \neq j(i, j \in \{1, 2, \cdots, n\})$，有 $\boldsymbol{x}_0^i \neq \boldsymbol{x}_0^j$；而且个体中没有两个个体的同一基因位是相同的，即对任意 $i \neq j(i, \alpha \in \{1, 2, \cdots, n\})$，$k \in \{1, 2, \cdots, m\}$，有 $x_0^{i(k)} \neq x_0^{j(k)}$。

对于一些多维、高精度要求的连续函数优化问题，用实数编码来表示个体时将会更好一些。针对标准交换和变异操作，实数编码的搜索能力没有二进制编码的搜索能力强，但实数编码对于变异操作的种群稳定性比二进制编码好。

2. 选择

选择操作也称为复制，根据个体的适应度函数值所度量的优劣程度决定它在下一代是被淘汰还是被遗传。最常用的选择操作是基本遗传算法中的比例选择操作。几种常用的选择操作方法如下：

1）比例选择

比例选择是一种随机采样的方法，也叫做适应度比例模型（fitness proportional model）、轮盘赌（roulette wheel）或蒙特卡罗选择（monte carlo choice）。

比例选择的基本思想是各个个体被选中的概率与其适应度大小成正比。假设群体大小为 n，个体 i 的适应度为 f_i，则个体 i 被选中的概率为

$$P_{is} = \frac{f_i}{\sum_{i=1}^{n} f_i} \tag{4-2}$$

显然，适应度越高的个体被选中的概率越大；反之，适应度越低的个体被选中的概率就越小。

2）最优保存策略

最优保存策略进化模型的具体操作过程是：找出当前群体中适应度最高的个体和适应度最低的个体；若当前群体中最佳个体的适应度比总的迄今为止的最好个体的适应度还要高，则以当前群体中的最佳个体作为新的迄今为止的最好个体；用迄今为止的最佳个体替换当前群体中的最差个体。

一般最优保存策略被看作是选择操作的一部分。该策略的实施可以保证迄今为止所得到的最优个体不会被交叉、变异等遗传操作所破坏，是遗传算法收敛的一个重要保证条件。但另外一方面，它容易使得某个局部最优个体不易被淘汰掉反而快速扩散，从而使得算法的全局搜索能力不强。所以，该方法一般要与其他一些选择操作方法配合起来使用，才有比较好的效果。

3)随机联赛选择

随机联赛选择是一种基于个体适应度之间大小关系的选择方法,其基本思想是每次从群体里选取几个个体,适应度最高的某个个体遗传到下一代群体中。具体操作过程如下:

(1)从群体中随机选取 N 个个体进行适应度大小的比较,将其中适应度最高的个体遗传到下一代群体中;

(2)将上述过程重复 M 次,就可以得到下一代群体中的 M 个个体。

4)排序选择

排序选择是对群体中的个体按其适应度大小进行排序,基于这个排序来分配各个个体被选中的概率。其操作过程如下:

(1)对群体中的所有个体按其适应度大小进行降序排列;

(2)根据具体求解问题设计一个概率分配表,将各个概率值按上述排序分配给各个个体;

(3)以各个个体所分配的概率值作为其能够被遗传到下一代的概率,基于这些概率值用比例选择的方法来产生下一代群体。

3. 交叉

交叉操作是指对两个个体互相配对的染色体按某种方式交换其部分基因,从而组合出新的个体,在解空间中进行有效搜索,同时降低对有效模式的破坏概率。其中,二进制交叉包括以下策略:

1)单点交叉

在单点交叉中,交叉点 k 的范围为[1,Nvar－1],Nvar 为个体变量数目,以该点为分界相互交换变量。图 4-1 为一个单点交叉示意图。随机产生一个交叉点位置,在交叉点右边的部分基因码互换,形成子个体 1 和子个体 2。

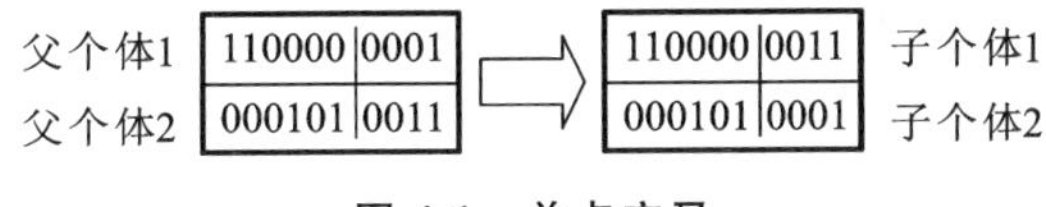

图 4-1　单点交叉

2)多点交叉

对于多点交叉,m 个交叉位置 K_i 可无重复、随机地选择,在交叉点之间的变量间连续地相互交换,产生两个新的后代,但在第一位变量与第一个交叉点之间的一段不做交换。如图 4-2 为一个多点交叉示意图。

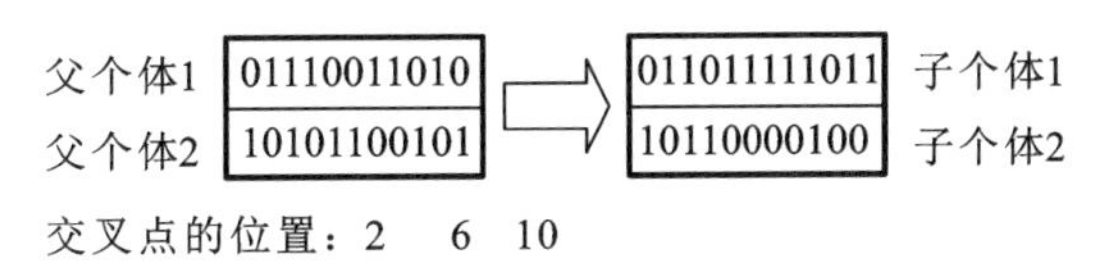

图 4-2　多点交叉

3)均匀交叉

单点和多点交叉的定义使得个体在交叉处分成片段，均匀交叉更加广义化，将每个点都作为潜在的交叉点，随机地产生与个体等长的 0-1 掩码，掩码中的片段表明了哪个父个体向子个体提供变量值。图 4-3 为一个均匀交叉示意图。在掩码样本中，1 表示父个体 1 提供变量值，0 表示父个体 2 提供变量值。

父个体1
01110011010
父个体2
10101100101
掩码样本
01100011010
10011100101
子个体1
11101111111
子个体2
00110000000

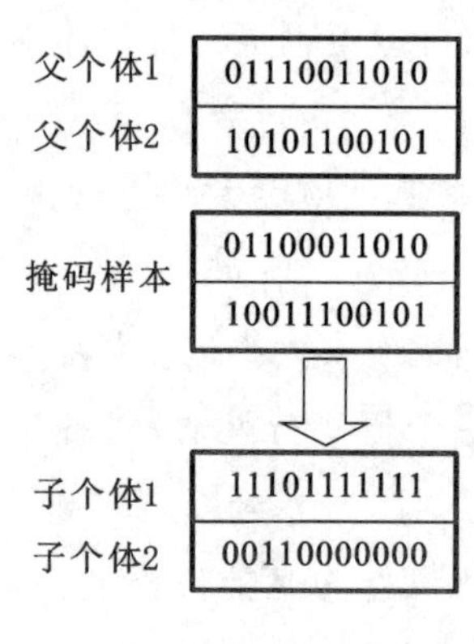

图 4-3　均匀交叉

4. 变异

交叉之后子代经历的变异，实际上是子代基因按小概率扰动产生的变化。变异本身是一种随机局部搜索，与选择/重组算子结合在一起，保证了遗传算法的有效性。如图 4-3依据个体编码表示方法的不同，可以有以下的算法：

1)实值变异

实值变异就是将个体在变异位上所对应的变量用一个随机数去替换原基因位，该随机数位于该变量的取值范围之内。步长的选择比较困难，最优的步长可以根据具体情况而定，甚至在优化过程中可以改变。通常较小的步长会比较成功，但有时大步长比较快些。一般可以采用如下变异的算子：

$$X' = X \pm 0.5L\Delta \tag{4-3}$$

式中，$\Delta = \sum_{i=0}^{m} \frac{a(i)}{2^i}$，$a(i)$以概率$\frac{1}{m}$取值 1，以 $1-\frac{1}{m}$取值 0，通常 $m=20$；L 为变量的取值范围；X 为变异前变量的取值；X'为变异后变量的取值。

2)二进制变异

对于二进制编码的个体，变异就是变量的翻转，即用 0 代替 1 或用 1 代替 0。对于每个个体的每一个基因位，以变异概率 p_m 指定其为变异点，并对指定的变异点的基因值做取反运算，从而产生一个新的个体。图 4-4 是基本位变异法示意图，变量有 11 位，

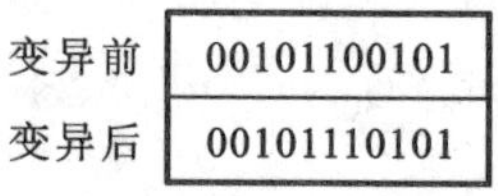

变异前
00101100101
变异后
00101110101

图 4-4　基本位变异法

在第 7 位发生翻转。

5. 适应值函数

遗传算法在进化搜索中基本不利用外部信息，而以适应值函数为依据，利用种群中每个个体的适应值来进行搜索。一般情况下，适应度函数是由目标函数变换而成的。

（1）直接以待求解的目标函数的转化为适应度函数，即：若目标函数为最大化问题，则有

$$F(f(x))=f(x) \tag{4-4}$$

若目标函数为最小化问题，则有

$$F(f(x))=-f(x) \tag{4-5}$$

这种适应度函数简单，但存在两个问题：一是可能不满足常用的轮盘赌选择中的概率非负的要求；二是某些待求解的函数在函数分布上相差很大，由此得到的平均适应度可能不利于体现种群的平均性能，影响算法的性能。

（2）若目标函数为最小化问题，则

$$F(f(x))=\begin{cases} c_{\max}-f(x), & f(x)<c_{\max} \\ 0, & \text{其他} \end{cases} \tag{4-6}$$

式中，$c_{\max}$ 为 $f(x)$ 的最大值估计。

若目标函数为最大化问题，则

$$F(f(x))=\begin{cases} f(x)-c_{\min}, & f(x)>c_{\min} \\ 0, & \text{其他} \end{cases} \tag{4-7}$$

式中，$c_{\min}$ 为 $f(x)$ 的最小值估计。

（3）若目标函数为最小化问题，则

$$F(f(x))=\frac{1}{1+c+f(x)} \tag{4-8}$$

式中，c 为目标函数界限的保守估计值，$c\geqslant 0$，$c+f(x)\geqslant 0$。

若目标函数为最大化问题，则

$$F(f(x))=\frac{1}{1+c+f(x)} \tag{4-9}$$

式中，c 为目标函数界限的保守估计值，$c\geqslant 0$，$c-f(x)\geqslant 0$。

4.1.5 遗传算法的流程

遗传算法的一般流程如图 4-5 所示，遗传算法中的优化准则一般依据问题的不同而有不同的确定方式。例如，可以采用以下的准则之一作为判断条件：

(1)种群中个体的最大适应度超过预先设定值;

(2)种群中个体的平均适应度超过预先设定值;

(3)世代数超过预先设定值。

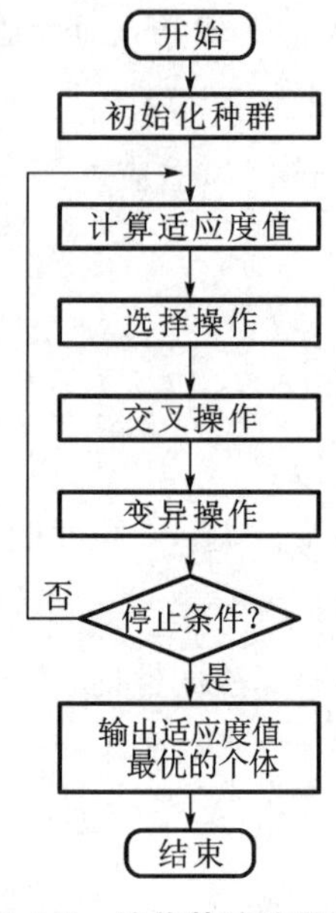

图 4-5　遗传算法流程图

4.2　蚁群算法的基本原理

4.2.1　蚁群算法的基本概念

蚁群算法是最近几年才提出的一种新型的模拟进化算法,由意大利学者 Colorni A、Dorigo M 和 Maniezzo V 于 1992 年首先提出来,用蚁群在搜索食物源的过程中所体现出来的寻优能力来解决一些离散系统优化中的困难问题。他们已经用该方法求解了旅行商问题、指派问题、调度问题等,取得了一系列较好的实验结果。

像蚂蚁这类群居昆虫,虽然没有视觉,却能找到由蚁穴到食物源的最短路径,其原因是什么呢?人们经过大量的研究发现,蚂蚁个体间是通过一种称之为信息素(pheromone)的物质进行信息传递,从而能相互协作,完成复杂的任务。蚂蚁之所以表现出复杂有序的行为,个体之间的信息交流和相互协作起着重要的作用。

蚂蚁在运动过程中,能够在它所经过的路径上留下该物质,并以此指导自己的运动方向，蚂蚁倾向于朝着该物质强度高的方向移动。因此，由大量蚂蚁组成的蚁群的集体行为便表现出一种信息正反馈现象：某一路径上走过的蚂蚁越多，则后者选择该路径的概率越大。蚂蚁个体之间就是通过这种信息的交流达到搜索食物的目的。

蚁群算法是一种随机搜索算法，与其他模型进化算法一样，通过候选解组成的群体的进化过程来寻求最优解，该过程包含适应阶段和协作阶段。在适应阶段，各候选解根据积累的信息不断调整自身结构；在协作阶段，候选解之间通过信息交流，以期望产生性能更好的解。

作为与遗传算法同属一类的通用型随机优化方法，蚁群算法不需要任何先验知识，最初只是随机地选择搜索路径，随着对解空间的“了解”，搜索变得有规律，并逐渐逼近直至最终达到全局最优解。蚁群算法对搜索空间的“了解”机制主要包括以下三个方面：

(1)蚂蚁的记忆。一只蚂蚁搜索过的路径在下次搜索时就不会再被选择，由此在蚁群算法中建立禁忌表来进行模拟。

(2)蚂蚁利用信息素进行相互通信。蚂蚁在所选择的路径上会释放一种叫做信息素的物质，当同伴进行路径选择时，会根据路径上的信息素进行选择，这样信息素就成为蚂蚁之间进行通信的媒介。

(3)蚂蚁的集群活动。通过一只蚂蚁的运动很难到达食物源，但整个蚁群进行搜索就完全不同。当某些路径上通过的蚂蚁越来越多时，在路径上留下的信息素数量也越来越多，导致信息素强度增大，蚂蚁选择该路径的概率随之增加，从而进一步增加该路径的信息素强度，而某些路径上通过的蚂蚁较少时，路径上的信息素就会随时间的推移而蒸发。因此，模拟这种现象即可利用群体智能建立路径选择机制，使蚁群算法的搜索向最优解推进。蚁群算法所利用的搜索机制呈现出一种自催化或正反馈的特征，因此，可将蚁群算法模型理解成增强型学习系统。

蚁群算法首先成功应用于旅行商问题，下面简单介绍其基本算法。

设有 m 只蚂蚁，每只蚂蚁有以下特征：它根据以城市距离和连接边上外激素的数量为变量的概率函数选择下一个城市(设 $\tau_{ij}(t)$ 为 t 时刻路径 (i,j) 上外激素的强度)。规定蚂蚁走合法路线，除非周游完成，不允许转到已访问城市，由禁忌表控制(设 $tabu_k$ 表示第 k 只蚂蚁的禁忌表，$tabu_k(s)$ 表示禁忌表中第 s 个元素)。它完成周游后，蚂蚁在它每一条访问的路径上留下外激素。

设 $B_i(t)(i=1,2,\cdots,n)$ 是在 t 时刻城市 i 的蚂蚁数，设 $m=\sum_{i=1}^{n}b_i(t)$ 为全部蚂蚁数。

初始时刻，各条路径上的信息量相等，设 $\tau_{ij}(0)=C$(C 为常数)。蚂蚁 $k(k=1,2,\cdots,m)$ 在运动过程中，根据各条路径上的信息量决定转移方向，$p_{ij}^{k}(t)$ 表示在 t 时刻蚂蚁 k 由位置 i 转移到位置 j 的概率：

$$p_{ij}^{k}=\begin{cases}\dfrac{\tau_{ij}^{\alpha}(t)\cdot\eta_{ij}^{\beta}(t)}{\sum\limits_{s=\text{allowed}_k}\tau_{is}^{\alpha}(t)\cdot\eta_{is}^{\beta}(t)}, & j\in \text{allowed}_k\\ 0, & \text{其他}\end{cases} \tag{4-10}$$

式中，$\text{allowed}_k=\{0,1,\cdots,n-1\}-\text{tabu}_k$ 表示蚂蚁 k 下一步允许选择的城市，与实际蚁群不同，人工蚁群系统具有记忆功能，$\text{tabu}_k(k=1,2,\cdots,m)$用以记录蚂蚁 k 当前所走过的城市，集合 tabu_k 随着进化过程做动态调整；η_{ij} 表示路径(i,j)的能见度，用某种启发式算法算出，一般取 $\eta_{ij}=\dfrac{1}{d_{ij}}$，其中 d_{ij} 表示城市 i 与城市 j 之间的距离；α 表示轨迹的相对重要性，β 表示能见度的相对重要性，ρ 表示轨迹的持久性，$1-\rho$ 理解为轨迹衰减度随着时间的推移，以前留下的信息逐渐消失，用参数 $1-\rho$ 表示信息消失的程度，经过 n 个时刻，蚂蚁完成一次循环，各路径上信息量要根据以下公式做调整：

$$\tau_{ij}(t+n)=\rho\cdot\tau_{ij}(t)+\Delta\tau_{ij} \tag{4-11}$$

$$\Delta\tau_{ij}=\sum_{k=1}^{m}\Delta\tau_{ij}^{k} \tag{4-12}$$

式中，$\Delta\tau_{ij}^{k}$ 表示第 k 只蚂蚁在本次循环中留在路径(i,j)上的信息量，$\Delta\tau_{ij}$ 表示本次循环中路径(i,j)上的信息量增量。

前面 $\tau_{ij}(t)$，$\Delta\tau_{ij}(t)$，$p_{ij}^{k}(t)$的表达形式可以不同，要根据具体问题而定。Dorigo M 曾给出三种不同模型，分别称 ant-cycle system、ant-quantity system、ant-density system，它们的差别在于表达式的不同。

在 ant-cycle 模型中，

$$\Delta\tau_{ij}^{k}=\begin{cases}\dfrac{Q}{L_K}, & \text{第 } k \text{ 只蚂蚁在本次循环经过路径}(i,j)\\ 0, & \text{其他情况}\end{cases} \tag{4-13}$$

式中：L_k 表示第 k 只蚂蚁环游一周的路径长度，Q 为常数。

在 ant-quantity system 模型中，

$$\Delta\tau_{ij}^{k}=\begin{cases}\dfrac{Q}{d_{ij}}, & \text{第 } k \text{ 只蚂蚁在时刻 } t \text{ 和 } t+1 \text{ 之间经过路径}(i,j)\\ 0, & \text{其他情况}\end{cases} \tag{4-14}$$

在 ant-density system 模型中，

$$\Delta\tau_{ij}^{k}=\begin{cases}Q, & \text{第 } k \text{ 只蚂蚁在时刻 } t \text{ 和 } t+1 \text{ 之间经过路径}(i,j)\\ 0, & \text{其他情况}\end{cases} \tag{4-15}$$

它们的区别在于：后两种模型中，利用的是局部信息，而前者利用的是整体信息，在求解 TSP 问题时性能较好，因而通常采用它作为基本模型。解旅行商问题的蚁群算法的基本步骤如下：

(1)置 $nc\leftarrow 0$(nc 为迭代步数或搜索次数)，各 τ_{ij} 和 $\Delta\tau_{ij}$ 的初始化；将 m 只蚂蚁置于 n

个顶点上；

(2)将各只蚂蚁的初始出发点置于当前解集中，对每只蚂蚁 $k(k=1,2,\cdots,m)$，按概率 p_{ij}^k 移至下一顶点 j，将顶点 j 置于当前解集；

(3)计算各只蚂蚁的路径长度 $L_k(k=1,2,\cdots,m)$，记录当前的最优解；

(4)按更新方程修改轨迹强度；

(5)对各路径 (i,j)，置 $\Delta\tau_{ij}\leftarrow 0$，$nc\leftarrow nc+1$；

(6)若 $nc<$ 预定的迭代次数，且无退化行为(即找到的都是相同解)则转入步骤(2)；

(7)输出目前最优解。

由算法复杂性理论分析可知，该算法复杂度为 $O(nc\cdot n^3)$，算法流程如图 4-6 所示。

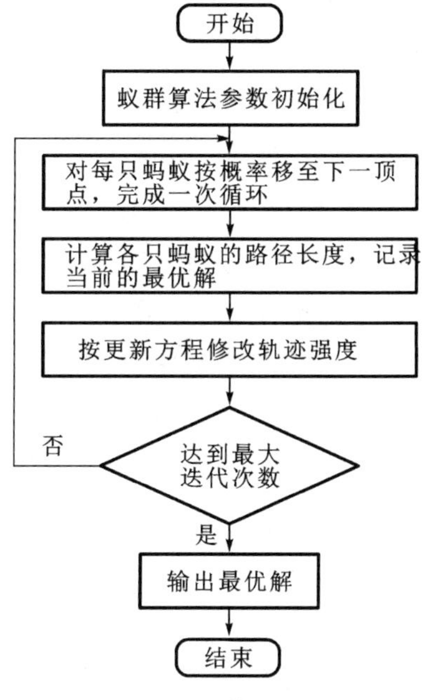

图 4-6　蚁群算法流程图

4.2.2　蚁群算法研究现状

20 世纪 50 年代中期出现了仿生学，人们从生物进化机理中受到启发，提出许多用以解决复杂优化问题的新方法，如遗传算法、进化规划、进化策略等。这些以生物特性为基础的演化算法的发展，及对生物群落行为的发现引导研究人员进一步开展了对生物社会性的研究，从而出现了基于群智能理论的蚁群算法(1992，Dorigo M，Maniezzo V 和 Colorni A 等)和粒子群算法(1995，Kennedy 和 Eberhart R)。虽然二者的研究基础和基本思想是一致的，但是它们的产生和发展却是相对独立的。

20 世纪 90 年代，Dorigo M 最早提出了蚁群优化算法——蚂蚁系统(ant system,

AS)并将其应用于解决计算机算法学中经典的旅行商问题(TSP)。从蚂蚁系统开始，基本的蚁群算法得到了不断的发展和完善，并在TSP及许多实际优化问题求解中进一步得到了验证。这些AS改进版本的一个共同点就是增强了蚂蚁搜索过程中对最优解的探索能力，它们之间的差异仅在于搜索控制策略方面。而且，取得了最佳结果的蚁群算法(ACO)是通过引入局部搜索算法实现的，这实际上是一些结合了标准局域搜索算法的混合型概率搜索算法，有利于提高蚁群各级系统在优化问题中的求解质量。

最初提出的AS有Ant density，Ant quantity和Ant cycle三种版本。在Ant density和Ant quantity版本中蚂蚁在两个位置节点间每移动一次后即更新信息素，而在Ant cycle中当所有的蚂蚁都完成了自己的行程后才对信息素进行更新，而且每只蚂蚁所释放的信息素被表达为反映相应行程质量的函数。通过与其他各种通用的启发式算法相比，在不大于75个城市的TSP中，这三种基本算法的求解能力还是比较理想的，但是当问题规模扩展时，AS的解题能力大幅度下降，因此，其后的ACO研究工作主要都集中于AS性能的改进方面。较早的一种改进方法是精英策略(elitist strategy)，其思想是在算法开始后即对所有已发现的最好路径给予额外的增强，并将随后与之对应的行程记为全局最优行程，当信息素更新时，对这些行程予以加权，同时将经过这些行程的蚂蚁记为“精英”，从而增大较好行程的选择机会。这种改进型算法能够以更快的速度获得更好的解，但是若选择的精英过多，则算法会由于较早的收敛于局部次优解而导致搜索的过早停滞。

为了进一步克服AS中暴露出的问题，Gambardella L M和Dorigo M提出了蚁群系统(ant colony system，ACS)。该系统的提出是以该文作者较早提出的Ant Q算法为基础的。Ant Q将蚂蚁算法与一种增强型学习算法Q Learning有机地结合了起来，ACS与AS之间存在三方面的主要差异：首先，ACS采用了更为大胆的行为选择规则；其次，只增强属于全局最优解的路径上的信息素，即

$$\tau_{ij}(t+1)=(1-\rho)\tau_{ij}(t)+\rho\Delta\tau_{ij}^{gb}(t) \tag{4-16}$$

其中 $\Delta\tau_{ij}^{gb}(t)=\dfrac{1}{L^{gb}}$，$0<\rho<1$ 是信息素挥发参数，L^{gb} 是从寻路开始到当前为止的全局最优路径长度。另外，还引入了负反馈机制，每当一只蚂蚁由一个节点移动到另一个节点时，该路径上信息素都按照式(4-17)被相应地消除一部分，从而实现一种信息素的局部调整以减小已选择过的路径再次被选择的概率。

$$\tau_{ij}=(1-\xi)\tau_{ij}+\xi\Delta\tau_0,\ 0<\xi<1 \tag{4-17}$$

在对AS进行直接完善的方法中，MAX-MIN Ant System是一个典型代表。该算法修改了AS的信息素更新方式，每次迭代之后只有一只蚂蚁能够进行信息素的更新以获取更好的解。为了避免搜索停滞，路径上的信息素浓度被限制在$[\tau_{min},\tau_{max}]$范围内，另外，信息素的初始值被设为其取值上限，这样有助于增加算法初始阶段的搜索能力。

另一种对 AS 改进的算法是 Rank Based Version AS，与精英策略 AS 相似，此算法总是更新更好进程上的信息素，选择的标准是其行程长度($L^1(t) \leqslant L^2(t) \leqslant \cdots \leqslant L^m(t)$)决定的排序，且每只蚂蚁放置信息素的强度通过式(4-18)中的排序加权处理确定：

$$\tau_{ij}(t+1) = (1-\rho)\tau_{ij}(t) + \sum_{r=1}^{m}(\omega - r)\Delta\tau_{ij}^{r} + \omega\Delta\tau_{ij}^{gb}(t) \tag{4-18}$$

式中，$\Delta\tau_{ij}^{r} = \frac{1}{L^r}$，$\Delta\tau_{ij}^{gb} = \frac{1}{L^{gb}}$，$m$ 为每次迭代后放置信息素的蚂蚁总数。

这种算法求解 TSP 的能力与精英策略 AS，遗传算法和模拟退火算法进行了比较，在大型 TSP 问题中(最多包含 132 座城市)，基于 AS 的算法都显示出了优于遗传算法和模拟退火算法的特性，而且在 Rank Based Version AS 和精英策略 AS 均优于基本 AS 的同时，前者还获得了比精英策略 AS 更好的解。

4.2.3　蚁群算法的应用

随着群智能理论和应用算法研究的不断发展，研究者已尝试着将其用于各种工程优化问题，并取得了意想不到的收获。多种研究表明，群智能在离散求解空间和连续求解空间中均表现出良好的搜索效果，并在组合优化问题中表现突出。

蚁群优化算法并不是旅行商问题的最佳解决方法，但是它却为解决组合优化问题提供了新思路，并很快被应用到其他组合优化问题中，比较典型的应用研究包括网络路由优化、数据挖掘及一些经典的组合优化问题。蚁群算法在电信路由优化中已取得了一定的应用成果。HP 公司和英国电信公司在 20 世纪 90 年代中后期都开展了这方面的研究，设计了蚁群路由算法(ant colony routing，ACR)。每只蚂蚁就像蚁群优化算法中一样根据它在网络上的经验与性能，动态更新路由表项。如果一只蚂蚁因为经过了网络中堵塞的路由而导致比较大的延迟，那么就对该表项做较大的增强，同时根据信息素挥发机制实现系统的信息更新，从而抛弃过期的路由信息，这样，在当前最优路由出现拥堵现象时，ACR 算法就能迅速地搜寻另一条可替代的最优路径，从而提高网络的均衡性、负荷量和利用率。目前这方面的应用研究仍在升温，因为通信网络的分布式信息结构、非稳定随机动态特性及网络状态的异步演化与 ACO 的算法本质和特性非常相似。

基于群智能聚类算法起源于对蚁群蚁卵的分类研究，Lumer 和 Faieta 将 Deneubourg 提出的蚁巢分类模型应用于数据聚类分析。其基本思想是将待聚类数据随机地散布到一个二维平面内，然后将虚拟蚂蚁分布到这个空间，并以随机方式移动，当一只蚂蚁遇到一个待聚类数据时即将之拾起并继续随机运动，若运动路径附近的数据与携带的数据相似性高于设置标准，则将其放置在该位置，然后继续移动，重复上述数据搬运过程，按照这种方法可实现对相似数据的聚类。

Parpinelli R S，Lopes H S，Freitas 提出了一种利用蚁群算法设计的数据分类规则提取算法。利用蚂蚁的运动，根据数据属性的划分，通过随机搜索逐步形成相对应规则的前件，在蚁群算法的搜索方法中定义了适合分类问题的规则构造方法、剪枝方法和信息素更新方法。该算法采用与 C4.5 相似的熵值度量方法，并将其与信息素更新结合起来进行，以消除熵值度量的局限(局部启发性度量)引起的误差。与典型的分类算法 CN2 相比，这种方法的准确性与 CN2 相当，而且发现的规则列表比 CN2 获得的规则列表简单。

另外，ACO 还在许多经典组合优化问题中获得了成功的应用，如二次规划问题(QAP)、机器人路径规划、作业流程规划、图着色(graph coloring)等问题。经过多年的发展，ACO 已成为能够有效解决实际二次规划问题的几种重要算法之一。Colorni A，Dorigo M，Maniezzo V 在论文中把 AS 用在作业流程计划(job shops cheduling)问题的实例中，说明了 AS 在此领域的应用潜力。其后的相关文献中 Stutzle T 利用 MAX-MIN AS 解决 QAP 取得了比较理想的效果，并通过实验中的计算数据证明采用该方法处理 QAP 比较早的模拟退火算法更好，且与禁忌搜索算法性能相当。Mc Mullen、Patrick R 利用 ACO 实现了对生产流程和特料管理的综合优化，并通过与遗传、模拟退火和禁忌搜索算法的比较证明了 ACO 的工程应用价值。

还有许多研究者将 ACO 用于了武器攻击目标分配和优化问题、车辆运行路径规划、区域性无线电频率自动分配、Bayesian Networks 的训练和集合覆盖等应用优化问题。Costa 和 Herz 还提出了一种 AS 在规划问题方面的扩展应用——图着色问题，并取得了可与其他启发式算法相比的效果。国内学者将蚁群算法成功地应用于配电网规划、物流配送、生产调度、交通系统控制等领域。

4.3 粒子群算法

4.3.1 粒子群优化算法的基本原理

粒子群优化算法(particle swarm optimization，PSO)是一种进化计算技术，最早是由 Kennedy 与 Eberhart R 于 1995 年提出的。源于对鸟群捕食的行为研究的 PSO 算法同遗传算法类似，是一种基于迭代的优化工具。系统初始化为一组随机解，通过迭代搜寻最优值。目前，PSO 已广泛应用于函数优化、神经网络训练、数据挖掘、模糊系统控制及其他的应用领域。人们已提出了多种 PSO 改进算法，如自适应 PSO 算法、杂交 PSO 算法、协同 PSO 算法。

PSO 是模拟鸟群的捕食行为,设想这样一个场景:一群鸟在随机搜索食物。在这个区域里只有一块食物,所有的鸟都不知道食物在哪里,但是它们知道当前的位置离食物还有多远,那么找到食物的最优策略是什么呢?最简单有效的方法就是搜寻目前离食物最近的鸟的周围区域。PSO 从这种模型中得到启示并用于解决优化问题。PSO 中,每个优化问题的解被看作搜索空间中的一只鸟,我们称之为“粒子”。所有的粒子都有一个由被优化的函数决定的适应值,每个粒子还有一个速度决定它们飞翔的方向和距离,然后粒子就追随当前的最优粒子在解空间中搜索。PSO 初始化为一群随机粒子(随机解),然后通过迭代找到最优解。在每一次迭代中,粒子通过跟踪两个“极值”来更新自己:一个是粒子本身所找到的最优解,这个解叫做个体极值 pbest;另一个极值是整个种群目前找到的最优解,这个极值是全局极值 gbest。另外,也可以不用整个种群而只是用其中一部分作为粒子的邻居,那么在所有邻居中的极值就是局部极值。

在找到这两个最优值时,每个粒子根据如下的公式来更新自己的速度和位置:

$$v_{k+1}=c_0 v_k+c_1(\text{pbest}_k-x_k)+c_2(\text{gbest}_k-x_k) \tag{4-19}$$

$$x_{k+1}=x_k+v_{k+1} \tag{4-20}$$

式中,v_k 是粒子的速度;x_k 是当前粒子的位置;pbest_k 表示粒子本身所找到的最优解的位置;gbest_k 表示整个种群目前找到的最优解的位置;c_0,c_1,c_2 表示群体认知系数,c_0 一般取介于(0,1)之间的随机数,c_1,c_2 取(0,2)之间的随机数。v_{k+1} 是 v_k、pbest_k-x_k 和 gbest_k-x_k 的和,其示意图如图 4-7 所示。每一维粒子的速度都会被限制在一个最大速度 $v_{\max}$($v_{\max}>0$)内,如果某一维更新后的速度超过用户设定的 $v_{\max}$,那么这个一维的速度就被限定为 $v_{\max}$,即若 $v_k>v_{\max}$ 时,$v_k=v_{\max}$;当 $v_k<-v_{\max}$ 时,$v_k=-v_{\max}$。

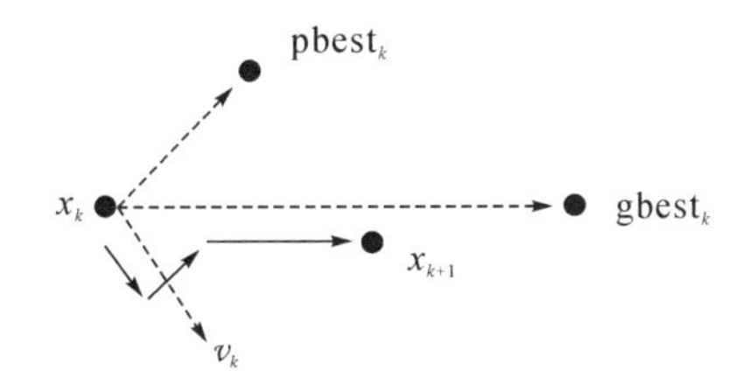

图 4-7　三种可能移动方向的带权值的组合

PSO 算法具有以下一些特点:

(1)基本 PSO 算法最初是处理连续优化问题的;

(2)类似于遗传算法(GA),PSO 算法也是多点搜索;

(3)式(4-19)的第一项对应多样化的特点,第二项、第三项对应于搜索过程的集中化特点,因此这个方法在多样化和集中化之间建立均衡。

解优化问题的粒子群优化算法的步骤如下:

(1)对每个粒子初始化,设定粒子数为 n,随机产生 n 个初始解或给出 n 个初始解,随机产生 n 个初始速度;

(2)根据当前位置和速度产生各个粒子的新的位置；

While (迭代次数<规定迭代次数) do

(3)计算每个粒子新位置的适应值，对于各个粒子，若粒子的适应值优于原来的个体极值 pbest，设置当前适应值为个体极值 pbest；

(4)根据各个粒子的个体极值 pbest 找出全局极值 gbest；

(5)按式(4-19)，更新自己的速度，并把它限制在 $v_{\max}$ 内；

(6)按式(4-20)，更新当前的位置。

解优化问题的粒子群优化算法的流程如图 4-8 所示。

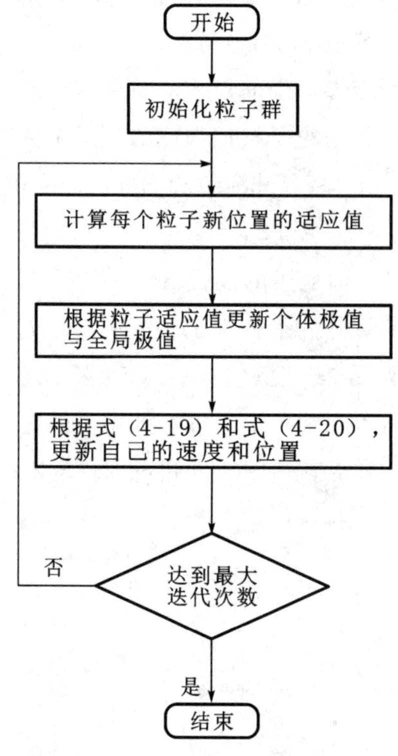

图 4-8　粒子群优化算法流程

下面对 PSO 算法中的参数进行分析：

在 PSO 算法中有 3 个权重因子：惯性权重 c_0、加速常数 c_1 和 c_2。

惯性权重 c_0 使粒子保持运动惯性，使其有扩展搜索空间的趋势，有能力探索新的区域。

加速常数 c_1 和 c_2 代表将每个粒子推向 pbest 和 gbest 位置的统计加速项的权重。低的值允许粒子在被拉回之前可以在目标区域外徘徊，而高的值则导致粒子突然地冲向或越过目标区域。

如果没有后两部分，即 $c_1=c_2=0$，粒子将一直以当前的速度飞行，直到到达边界。由于它只能搜索有限的区域，所以很难找到最优解。

如果没有第1部分，即 $c_0=0$，则速度只取决于粒子当前位置和其历史最好位置pbest和gbest，速度本身没有记忆性。假设一个粒子位于全局最好位置，它将保持静止，而其他粒子则飞向它本身最好位置pbest和全局最好位置gbest的加权中心。在这种条件下，粒子群将收缩到当前的全局最好位置，更像一个局部算法。

在加上第1部分后，粒子有扩展搜索空间的趋势，即第1部分有全局搜索能力。这也使得 c_0 的作用为针对不同的搜索问题，调整算法全局和局部搜索能力的平衡。

如果没有第2部分，即 $c_1=0$，则粒子没有认知能力，也就是"只有社会"的模型。在粒子的相互作用下，有能力到达新的搜索空间。它的收敛速度比标准版本更快，但对复杂问题，则比标准版本更容易陷入局部优值点。

如果没有第3部分，即 $c_2=0$，则粒子之间没有社会信息共享，也就是"只有认知"的模型。因为个体间没有交互，一个规模为 m 的群体等价于运行了 m 个单粒子，因而得到解的几率非常小。

早期的试验将 c_0 固定为1，c_1 和 c_2 固定为2，因此 v_{max} 成为唯一需要调节的参数，通常设为每一维变化范围的10%～20%。

引入惯性权重 c_0 可消除对 v_{max} 的需要，因为它们的作用都是维护全局和局部搜索能力的平衡。这样，当 v_{max} 增加时，可通过减小 c_0 来达到平衡搜索。而 c_0 的减小可使得所需的迭代次数变小。从这个意义上看，可以将 v_{max} 固定为每一维变量的变化范围，只对 c_0 进行调节。

研究发现，较大惯性权重 c_0 值有利于跳出局部极小点，而较小的惯性权重 c_0 有利于算法收敛，因此提出自适应调整 c_0 的策略，即随着迭代的进行，线性地减小 c_0 的值。对于全局搜索，通常的好方法是在前期有较高的探索能力以得到合适的种子，而在后期有较高的开发能力以加快收敛速度。为此可将 c_0 设为随时间线性减小，例如由1.4到0，或由0.9到0.4，或由0.95到0.2等。

Suganthan的实验表明，c_1 和 c_2 为常数时可以得到较好的解，但不一定必须为2。Clerc引入收缩因子 K 来保证收敛性：

$$v_{k-1}=K[v_k+\varphi_1 \mathrm{rand}()(\mathrm{pbest}_k-x_k)+\varphi_2 \mathrm{rand}()(\mathrm{gbest}_k-x_k)]$$

式中，$K=\dfrac{2}{|2-\varphi-\sqrt{\varphi^2-4\varphi}|}$，$\varphi=\varphi_1+\varphi_2$，$\varphi>4$。这些参数也可以通过模糊系统进行调节。

Shi Y H和Eberhart R提出一个模糊系统来调节 c_0，该系统包括9条规则，有两个输入和一个输出，每个输入和输出定义了3个模糊集。一个输入为当前代的全局最好适应值，另一个为当前的 c_0；输出为 c_0 的变化。结果显示该方法能大大提高平均适应值。

此外，群体的初始化也是影响算法性能的一个方面。Angeline对不对称的初始化进行了实验，发现PSO只是略微受影响。

Ozcan 和 Mohan 通过假设 $c_0=1$，c_1 和 c_2 为常数，pbest 和 gbest 为固定点，进行理论分析，得到一个粒子随时间变化可以描述为波的运行，并对不同的感兴趣的区域进行了轨迹分析。这个分析可以被 Kennedy 的模拟结果支持。一个寻求优值位置的粒子尝试着操纵它的频率和幅度，以捕获不同的波。c_0 可以看作是修改了感兴趣的区域的边界，而 v_{max} 则帮助粒子跳到另外一个波。

4.3.2 粒子群优化算法研究现状

粒子群优化算法最早是由美国的 Kennedy 和 Eberhart R 在 1995 年提出的。两位研究者提出的 PSO 基本模型同遗传算法类似，是一种基于迭代的优化工具，但是在算法实现过程中没有交叉变异操作，而是以粒子对解空间中最优粒子的追随进行解空间的搜索。同当时的遗传算法相比，PSO 的优点在于流程简单，易实现，算法参数简洁，无需复杂的调整。因此从出现至今，PSO 被迅速地应用于函数优化、神经网络训练、模糊系统控制、数据聚类及原有的一些遗传算法应用领域，作为一种新颖的优化搜索算法，从其出现至今的十多年时间里，研究者们的大部分精力主要集中于对其算法结构和性能的改善方面的研究，主要包括参数设置、粒子多样性、种群结构和算法融合。

PSO 算法与其他计算智能方法的一个显著区别就是所需调整的参数很少，但是这些关键参数的设置对算法的精度和效率却存在显著影响。A. I. EL-Gallad，M. EL-Hawary，A. A. Sallam 和 A. Kalas 针对算法中的种群规模、迭代次数和粒子速度的选择方法进行了详细分析，利用统计实验方法对约束优化问题的求解论证了这三个参数对算法性能的基本影响，并给出了具有一定通用性的三种参数选择原则。Fieldsend J E，Singh S 利用 PSO 解决多目标优化问题时，分析了种群最优解、本地最优解、个体最优解对算法特性的影响，并通过对惯性权值加以扰动实现其动态调整以获取更佳的优化结果。

Shi Y H 和 Eberhart R 首次提出了惯性权重的概念，并对基本算法中的粒子速度更新公式进行了修正，以获得更佳的全局优化效果。其后的研究者普遍采用这种方式作为系统粒子速度更新的基本方式，并在大量的应用问题中充分验证了其合理性，在这篇文献中，作者还提出了采用了随时间递减的动态惯性权值设置方法以提高算法的有效性和可靠性。

在惯性权值修正思想的引导下，Shi Y H 和 Eberhart R 提出了自适应设置惯性权值的模糊系统。系统的输入是对 PSO 性能进行评价的变量，而系统的输出则是调整后的权值增量。该文献中以当前的群体最优解和惯性权值作为输入，输出设定为新的惯性权值，并采用归一化的当前最佳性能评优系数来度量 PSO 所获取的最优解的价值。为了避免算法的过早收敛，一些研究者提出了通过控制种群多样性提高算法总体性能的方法。Jacques Riget 和 Jakob Svesterstrom 设计了一种以基本 PSO 为基础的，通过多样性度量控制种群特征，从而实现粒子间吸引和互斥平衡以避免算法收敛性早熟的方法。这种方法在原有算法粒子间位置更新的相互吸引过程之后又引入了一个排斥过程，也就是吸引的逆过程。

Morten Lovbjerg 和 Thiemo Krink 提出了另一种改善粒子多样性的途径——自组织临界点控制(self-organized criticality，SOC)方法。SOC 粒子与其本粒子的唯一区别就是每个粒子增加了当前临界值属性。每个粒子的临界值初始化为零，如果两个粒子间的距离小于预定的距离阈值，则增加彼此的临界值。当某个粒子的临界值超过系统全局的极限值时，则需重新分配其在解空间中的位置，如此便使粒子搜索的多样性得到了有效的增强。

同样是针对算法搜索多样性的问题，Thiemo Krink 等提出了一种粒子空间扩展的方法(SPEPSO)来解决粒子间的冲突和聚集问题，并增强粒子突破局部极小值的能力。这种方法中为每个粒子附加一个最小独立半径 r，当与其他粒子间的距离小于 r 时，即认为二者发生“摩擦”，则采取控制措施使之分离。SPEPSO 还提出了粒子分离方向和速度的确定问题，并给出了随机反弹、真实物理反弹、原始轨迹反弹三种基本策略。另外，通过反弹速度因子(0～1 之间取值)实现对原速度的改变以防粒子冲撞。Buthainah AL-Kazzemi 等通过在问题求解过程的不同阶段设置不同的阶段性目标，驱动粒子靠近或远离其已知的个体最优解或种群最优解，从而达到增强粒子搜索多样性的目的。这种方法在离散和连续优化问题中都显示出了比基本 PSO 更为优越的性能，而且其计算效率比基本 PSO 或 GA 更高。除了上述通过粒子自身特性改善来增强算法搜索多样性的方法外，许多研究中对于影响算法效能的各种基本条件和环境因素如种群拓扑结构和算法融合问题进行了分析。James Kennedy 和 Rui Mendes 系统地分析了不同的种群拓扑结构时对 PSO 算法效能的影响，如影响种群结构的节点连接方式、节点聚合问题、节点间最短平均距离，以及拓扑结构与具体优化问题的相关性等问题，以说明构造种群结构的基本原则。这为具体优化问题的 PSO 算法种群结构调整提供了理论基础。

为了进一步提高 PSO 的基本性能，许多研究者还尝试了将其与其他计算智能方法相融合，以突破其自身局限。文献中提出了两种与演化算法相结合的混合型 PSO 优化器。通过在基本的 PSO 中引入繁殖和子种群的概念，增强其收敛性和寻求最优解的能力。在每轮迭代中随机选择一定的粒子作为父代，通过繁殖公式生成具有新的空间坐标和速度的子代粒子，并取代父代以保持种群规模。其实，这是一种提高对解空间搜索能力和粒子多样性的数学交叉，可在一定程度上增强系统跳出局部极小的能力。

子种群的概念是在繁殖方法的基础上将整个种群划分为若干个种群，在每个种群内部按照 Kennedy 提出的星型拓扑结构进行构造，而且繁殖过程中增加了子种群间的交叉，进一步扩展了繁殖的多样性。Xiaohui Hu，Eberhart R 针对动态系统优化，设计了一种自适应 PSO 算法，通过增加环境检测和响应两种新的算法特征解决了 PSO 对动态系统空间变化的适应性问题，并首次提出了群体的生命周期问题——种群的随机多代初始化，为这种基于演化的算法理论开创了新的研究思想。

然而，每一代 PSO 算法中的每个微粒只朝一些根据群体的经验认为是好的方向飞行，而不像在演化规划中可通过一个随机函数变异到任何方向。也就是说，PSO 算法执行一种有“意识”的变异。从理论上讲，演化规划具有更多的机会在优化点附近开发，而 PSO 则有更多的机会更快地飞到有更好解的区域，前提是“意识”能提供有用的信息。

Kennedy 和 Spears 利用多峰问题产生器对一个 PSO 的二进制版本和三种类型的 GAs(只有变异的 GA-m、只有交叉的 GA-c 和同时具有交叉和变异的 GA)进行了研究。实验发现，PSO 基本都能更快地达到全局优值，PSO 基本不受问题峰数增加的影响，受问题维数的影响也很小。

自 PSO 于 1995 年由 Eberhart R 博士和 Kennedy 博士提出以来，大部分研究成果关注的是通过修改原 PSO 算法的某些方面而获得试验结果，当然试验比较结果对洞察 PSO 算法的本质能提供强有力的帮助，但若没有一个如何运行算法的形式模型，要确定算法内部机理是不可能的。目前，PSO 算法研究者主要致力于算法的应用研究，很少有人去关心算法本身的工作原理，即很少涉及对算法内部机理的研究，如 PSO 中位置和速度的构造及参数的设计理论不成熟；对 PSO 中的参数分析没有实质性的认识，都处在试验分析阶段；PSO 的改进算法及其应用也都停留在试验阶段，缺乏理论支持。为此，对于这么一个年轻的、具有很大开发潜力的启发式算法，开展一些对 PSO 算法机理的研究具有较大的科学意义，不但可以加深对 PSO 算法机制的认识，而且对于扩展 PSO 的应用领域也具有比较深远的意义。

4.3.3 粒子群算法的应用

PSO 算法应用面很广，Kassabalidis I 等利用 PSO 实现对卫星无线网络路由的自适应调整，提高了网络容量的有效利用率。Robinson J，Sinton S，Rahmat-Samii 将 PSO 用于 PCHA(剖面波状喇叭天线)的设计优化，并与 GA 的优化效果进行了比较，在此基础上又研究了二者混合应用的可行性，其中所完成的一系列实验证实了 PSO 作为一种新型的优化算法具备解决复杂工程优化问题的能力。Ismail A，Engelbrecht AP 利用 PSO 实现了对人工神经网络权值和网络模型结构的优化，并将研究结果应用于“自然语言词组”的分析方法设计。Eberhart R，Xiao hua Hu 采用经 PSO 优化的神经网络实现了对人类肢体颤抖现象的分析，并完成了对正常颤抖和帕金森氏症的诊断功能，神经网络的输入是由活动变化记录仪记录的标准化振动强度，该算法处理速度快、诊断结果准确。在对疾病如乳腺肿瘤是良性和恶性的判断、心脏病的诊断，PSO 训练的神经网络也取得了较高的诊断成功率。A. I. EL-Gallad，M. EL-Hawary，A. A. Sallam，A. Kalas 同样采用 PSO 对神经网络进行了优化，并利用其设计了电力变压器的智能保护机制。Yoshida H，Kawata K，Fukuyama Y，Nakanishi 利用 PSO 实现了对各种连续和离散控制变量的优化，从而达到了控制核电机组电流稳定输出电压的目的。

PSO 算法与其他进化算法类似，能用于求解大多数优化问题，比如多元函数的优化问题，包括带约束的优化问题。经过大量的实验研究发现，PSO 算法在解决一些典型优化问题时，能够取得比遗传算法更好的优化结果。PSO 还在动态问题和多目标优化问题中得到应用。

PSO 算法也被成功地应用于电力系统领域。这里主要涉及带有约束条件的，使用不同版本的 PSO 算法相结合用来决定对连续和离散的控制变量的控制策略的问题。日本 Fuji 电力公司的研究人员将电力企业著名的 RPVC(reactive power and voltage control)问题简化为函数最小值问题，并使用改进的 PSO 算法进行求解，与传统的方法如专家系统、敏感性分析相比，实验产生的结果证明了 PSO 算法在解决该问题的优势。

除了以上领域外，PSO 在多目标优化、自动目标检测、生物信号识别、决策调度、系统辨识及游戏训练、分类、调度、信号处理、决策、机器人应用等方面也取得了一定的成果。目前在模糊控制系统设计、车间作业调度、机器人实时路径规划、自动目标检测、语音识别、烧伤诊断、探测移动目标、时频分析和图像分割等方面已经有成功应用的先例。

4.4　免疫算法

人工免疫系统(artificial immune system，AIS)是根据免疫系统的机理、特征、原理开发的并能解决工程问题的计算或信息系统。AIS 在不同的工程问题中有不同的映射和定义，所谓 AIS 就是借鉴和利用生物免疫系统(主要是人类的免疫系统)的各种原理和机制而发展的各类信息处理技术、计算技术及其在工程和科学中应用而产生的各种智能系统的统称。自然免疫系统是一种复杂的分布式信息处理学习系统，具有免疫防护、免疫耐受、免疫记忆、免疫监视功能，且有较强的自适应性、多样性、学习、识别和记忆等特点，其特点及机理所包含的丰富思想为工程问题的解决提供了新的契机，引起了国内外研究人员的广泛兴趣，它的应用领域也逐渐扩展到模式识别、智能优化、数据挖掘、机器人学、自动控制和故障诊断等诸多领域。AIS 是继进化算法、模糊系统及神经网络之后又一研究热点。

4.4.1 生物免疫系统结构及相关机理

免疫系统(immune system,IS)是生物,特别是脊椎动物和人类所必备的防御机制,是保护肌体免受各种致病细菌侵袭,维护肌体健康的重要生物系统,其功能是免疫。免疫分为特异性免疫(specific immunity)和非特异性免疫(nonspecific immunity)两种。非特异性免疫又称先天性免疫,是肌体防御外来侵袭的第一道防线,由皮肤、黏液等组织完成;特异性免疫又称获得性免疫,是免疫系统通过对环境不断学习,后天积累的针对特定致病因子的防御功能。特异性免疫是肌体适应环境的体现,由免疫细胞完成,它是免疫学主要的研究对象。

免疫系统是由免疫活性分子、免疫细胞、免疫组织和器官组成的复杂系统。免疫功能主要是由 T 细胞和 B 细胞完成。B 细胞是免疫系统的本质部分,哺乳动物的 B 细胞在骨髓中发育成熟。B 细胞有三个主要功能:产生抗体、提呈抗原和分泌细胞因子参与免疫调节。T 细胞在胸腺中成熟,其主要功能是特异细胞免疫和免疫调节。

免疫系统具有以下特点:一是具有分布式、没有中心控制器特性;二是具有自适应性;三是具有强大的模式识别功能;四是具有强大的学习和记忆能力;五是具有动态性。

4.4.2 人工免疫系统的研究现状

人工免疫系统是借鉴免疫系统机理特点和功能的智能系统,具有广泛的应用和理论基础。在此着重阐述免疫算法的研究和 AIS 的应用研究。免疫算法是基于免疫机理提出的高效的学习和优化算法,是 AIS 理论研究的重要内容之一。常见的免疫算法有如下几种。

1. 克隆选择算法

Castro 基于克隆选择理论提出了克隆选择算法,这是一种模拟免疫系统的学习过程的进化算法。其基本要点为:

(1)随机产生初始群体 P,包括记忆群体 M,加到剩余群体 Pr;

(2)计算亲和度,并根据其大小从 P 中选择 n 个最佳个体(Pn);

(3)克隆这 n 个最佳个体,产生一个暂时的克隆群体(C),克隆的规模随亲和度的大小而改变;

(4)克隆后的个体按突变概率产生突变,突变概率与抗体的亲和度成正比/反比;

(5)在新产生的群体(C^*)中重新选择一些好的个体构成记忆群体。母体中的一些个体被新群体中的其他好于母体的个体取代;

(6)募集新个体 Nd 替换 d 个低亲和度个体,以保持群体多样性。

算法的基本框架如图 4-9 所示。

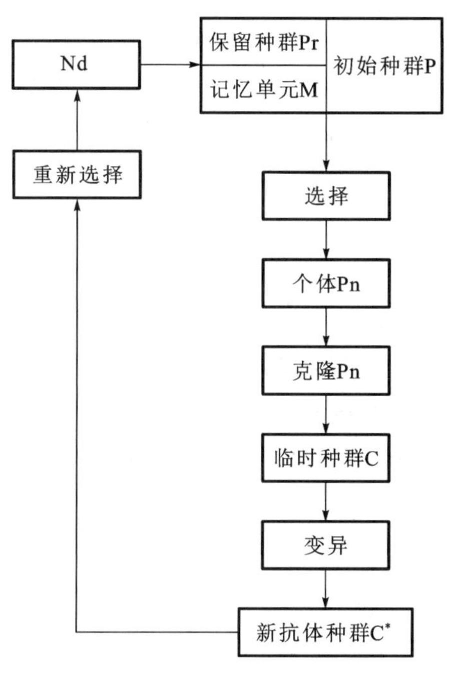

图 4-9　克隆选择算法流程图

免疫系统克隆选择原理描述免疫应答的基本特征。克隆选择算法的主要特点是:高度并行性;通过控制高频变异率,可以实现一般特征的初始搜索;克隆规模和收敛速度之间有冲突;运用启发式可能性改进收敛性能和应用范围。克隆选择算法能够解决复杂的机器学习任务,如在模式识别和多模式优化上具有很好的效果。

2. B 细胞网络算法

以独特型网络理论和克隆选择理论为基础。Hunt 等人模拟生物免疫系统的自学习、自组织机理提出了一种人工免疫网络模型——B 细胞网络及其算法。其算法主要流程如下:

随机生成和初始化

初始化抗原集合

Repeat

　从抗原集合中任选一个抗原随机的插入到 B 细胞网络中

　在插入点附近随机选择 10%的 B 细胞

　对选择的每个 B 细胞对象

If 能与抗原发生免疫反应

Then 调用 B 细胞生成算法,产生新的 B 细胞,加到 B 细胞网络中

　将集合中所有的 B 细胞按亲和度的大小排序

　删除 5%亲和度最小的 B 细胞

系统随机地产生 25%的新细胞,从中选择 5%补充到 B 细胞中

Until 条件满足

算法将未知问题的解看作抗原,认为只要找到能产生最高亲和度的抗体的 B 细胞,也就找到了未知问题的解。

实验结果证明,该算法具有较强的寻优能力并保持网络中多种模式和谐并存,有比人工神经网络更快更好的模式识别能力。

3. 阴性选择算法

阴性选择算法基于生物免疫系统的特异性,借鉴生物免疫系统胸腺 T 细胞生成时的"阴性选择"(negative selection)过程。通过 Forrest 研究一种用于检测数据变化的阴性选择算法,用于解决计算机安全领域的问题。该算法通过系统对异常变化的成功监测而使免疫系统发挥作用,而监测成功的关键是系统能够分清自己和非己的信息;随机产生检测器,删除那些测到自己的检测器,以使那些测到非己的检测器保留下来。

阴性选择算法主要依赖于三个重要原理:

(1)检测算法的每个拷贝是唯一的;

(2)检测是概率性的;

(3)一个鲁棒性的系统应能随机性地监测外来的活动而非搜索已知的模式。

该算法在计算机和网络安全、工程系统故障诊断等监测领域有许多应用。

4. 免疫遗传算法

免疫遗传算法可以看作一种新型融合算法,是一种改进的遗传算法,是具有免疫功能的遗传算法,其算法流程如图 4-10 所示。

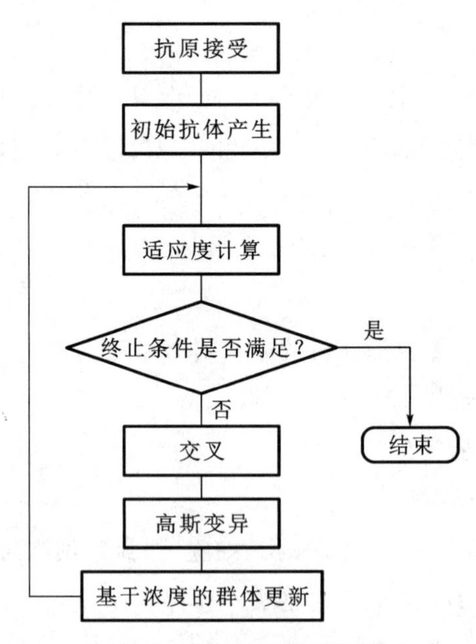

图 4-10　免疫遗传算法流程图

免疫遗传算法将免疫系统中抗体多样性的维持机制引入遗传算法中，免疫遗传算法种类较多，应用也相当广泛，比如TSP问题、信号分析等。这些算法的主要任务是设定特定的增强群体多样性的免疫算子与遗传算法相结合，改进遗传算法的搜索性能，克服遗传算法由于交叉搜索而在局部搜索解空间上效率较差的缺点，又在很大程度上避免未成熟收敛。大量的实例表明免疫遗传算法表现出超越遗传算法和免疫算法的优点。

综合以上各种免疫算法，可以发现如下特点：

(1)免疫算法是建立在编码上的随机优化算法。各种优化问题的解首先改成相应的可编码码串，然后对码串进行处理。

(2)免疫算法是并行优化算法，其操作的对象均是一个种群。

(3)免疫算法是一个反复的进化过程，通过随机搜索不断强化优化个体，完成群体进化，最终获得最优个体。与常见的进化算法相同，对个体筛选不必优化其梯度信息。

(4)保持模式多样性是免疫算法的重要任务，也是算法的重要特征。

从上述特点可以看出，免疫优化算法实质上仍属于进化算法范畴。

近年来，基于免疫系统原理开发的各种模型和算法广泛地应用在科学研究和工程实践中，人工免疫系统的应用研究涉及自动控制、优化计算、模式识别与故障诊断、网络安全等领域。下面对一些典型的应用领域进行简要介绍。

4.5 差分进化算法

差分进化(differential evolution，DE)算法是模拟自然界生物种群以"优胜劣汰，适者生存"为准则的进化发展规律而形成的一种随机启发式搜索算法，是一种新兴的进化计算技术。它于1995年由Rainer Storn和Kenneth Price提出。由于其简单易用、稳健性好以及强大的全局搜索能力，使得差分进化算法已在多个领域取得成功。

差分进化算法保留了基于种群的全局搜索策略，采用实数编码、基于差分的简单变异操作和一对一的竞争生存策略，降低了遗传操作的复杂性。同时，差分进化算法特有的记忆能力使其可以动态跟踪当前的搜索情况，以调整其搜索策略，具有较强的全局收敛能力和鲁棒性，且不需要借助问题的特征信息，适于求解一些利用常规的数学规划方法无法求解的复杂环境中的优化问题，采用差分进化算法可实现对复杂系统的参数辨识。

实验结果表明，差分进化算法的性能优于粒子群算法和其他进化算法，该算法已成为一种求解非线性、不可微、多极值和高维的复杂函数的一种有效性和鲁棒性的方法。

差分进化算法是基于群体智能理论的优化算法，通过群体内个体间的合作与竞争产生的群体智能指导优化搜索。差分进化算法的主要优点为待定参数少、不易陷入局部最优及收敛速度快局面。

差分进化算法根据父代个体间的差分矢量进行变异、交叉和选择操作，其基本思想是从某一随机产生的初始群体开始，通过把种群中任意两个个体的向量差加权后按一定的规则与第三个个体求和来产生新个体，然后将新个体与当代种群中某个预先决定的个体相比较，如果新个体的适应度值优于与之相比较的个体的适应度值，则在下一代中就用新个体取代旧个体，否则旧个体仍保存下来，通过不断地迭代运算，保留优良个体，淘汰劣质个体，引导搜索过程向最优解逼近。

在优化设计中，差分进化算法与传统的优化方法相比，具有以下主要特点：

(1)差分进化算法从一个群体，即多个点而不是从一个点开始搜索，这是它能以较大的概率找到整体最优解的主要原因；

(2)差分进化算法的进化准则是基于适应性信息的，无须借助其他辅助性信息(如要求函数可导或连续)，大大地扩展了其应用范围；

(3)差分进化算法具有内在的并行性，这使得它非常适用于大规模并行分布处理，减小时间成本开销；

(4)差分进化算法采用概率转移规则，不需要确定性的规则。

4.5.1 差分进化算法的基本原理

差分进化算法是基于实数编码的进化算法，整体结构上与其他进化算法类似，由变异、交叉和选择三个基本操作构成。下面介绍标准差分进化算法的四个步骤。

1. 生成初始群体

在 n 维空间里随机产生满足约束条件的 M 个个体，实施措施如下：

$$x_{ij}(0)=\mathrm{rand}_{ij}(0,1)(x_{ij}^{\mathrm{U}}-x_{ij}^{\mathrm{L}})+x_{ij}^{\mathrm{L}} \tag{4-21}$$

其中，x_{ij}^{U} 和 x_{ij}^{L} 分别是第 j 个染色体的上界和下界，$\mathrm{rand}_{ij}(0,1)$ 是[0,1]之间的随机小数。

初始化采用随机值，使个体丰富，避免陷入局部极值。

2. 变异操作

从群体中随机选择 x_{p1}，x_{p2} 和 x_{p3} 三个个体，且 $i\neq p_1\neq p_2\neq p_3$，则基本的变异操作为

$$h_{ij}(t+1)=x_{p_1 j}(t)+F(x_{p_2 j}(t)-x_{p_3 j}(t)) \tag{4-22}$$

如果无局部优化问题，变异操作可写为

$$h_{ij}(t+1)=x_{bj}(t)+F(x_{p_2 j}(t)-x_{p_3 j}(t)) \tag{4-23}$$

其中，$x_{p_2 j}(t)-x_{p_3 j}(t)$ 为差异化向量，此差分操作是差分进化算法的关键，F 为缩放因子，p_1，p_2，p_3 为随机整数，表示个体在种群中的序号，$x_{bj}(t)$ 为当前代中种群中最好的个体。

由于式(4-23)借鉴了当前种群中最好的个体信息,可加快收敛速度。

3. 交叉操作

交叉操作是为了增加群体的多样性,具体操作如下:

$$v_{ij}(t+1)=\begin{cases}h_{ij}(t+1), & \text{rand}_{ij}(0,1)\leqslant CR\\ x_{ij}(t), & \text{rand}_{ij}(0,1)>CR\end{cases} \tag{4-24}$$

其中,$\text{rand}_{ij}(0,1)$为$[0,1]$之间的随机小数,CR 为交叉概率,$CR\in[0,1]$。

4. 选择操作

为了确定 $\boldsymbol{x}_i(t)$是否成为下一代的成员,试验向量 $\boldsymbol{v}_i(t+1)$和目标向量 $\boldsymbol{x}_i(t)$对评价函数进行比较:

$$\boldsymbol{x}_i(t+1)=\begin{cases}\boldsymbol{v}_i(t+1), & f(v_{i1}(t+1),\cdots,v_{in}(t+1))>f(x_{i1}(t),\cdots,x_{in}(t))\\ \boldsymbol{x}_{ij}(t), & f(v_{i1}(t+1),\cdots,v_{in}(t+1))\leqslant f(x_{i1}(t),\cdots,x_{in}(t))\end{cases} \tag{4-25}$$

反复执行步骤 2 至步骤 4 的操作,直至达到最大的进化代数 G,差分进化基本运算流程如图 4-11 所示。

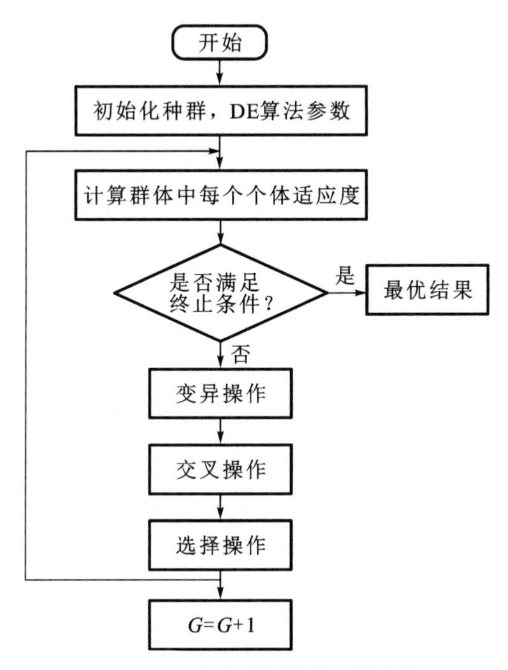

图 4-11　差分进化基本运算流程

4.5.2　差分进化算法的参数设置

对于进化算法而言,为了取得理想的结果,需要对差分进化算法的各参数进行合理的设置。针对不同的优化问题,参数的设置往往也是不同的。另外,为了使差分进化算法的收敛速度得到提高,学者们针对差分进化算法的核心部分——变异向量的构造形式提出了多种的扩展模式,以适应更广泛的优化问题。

差分进化算法的运行参数主要有缩放因子 F、交叉因子 CR、群体规模 M 和最大进化代数 G。

1. 变异因子

变异因子 F 是控制种群多样性和收敛性的重要参数,一般在[0,2]之间取值。变异因子 F 值较小时,群体的差异度减小,进化过程不容易跳出局部极值导致种群过早收敛。变异因子 F 值较大时,虽然容易跳出局部极值,但是收敛速度会减慢。因此,F 一般可选在[0.3,0.6]之间。

2. 交叉因子

交叉因子 CR 可控制个体参数的各维对交叉的参与程度,以及全局与局部搜索能力的平衡,一般在[0,1]之间取值。交叉因子 CR 越小,种群多样性减小,容易受骗,过早收敛。CR 越大,收敛速度越大,但过大可能导致收敛速度变慢,这是因为扰动超过了群体差异度。根据文献,交叉因子 CR 一般应选在[0.6,0.9]之间。

CR 越大,F 越小,种群收敛逐渐加速,但是随着交叉因子 CR 的增大,收敛对变异因子 F 的敏感度会逐渐提高。

3. 群体规模

群体所含个体数量 M 一般介于 $5D$ 与 $10D$ 之间(D 为问题空间的维度),但是不能少于 4,否则无法进行变异操作;M 越大,种群多样性越强,获得最优解的概率越大,但是计算时间更长,因此 M 一般取在[20,50]之间。

4. 最大迭代代数

最大迭代代数 G 一般作为进化过程的终止条件。迭代次数越大,最优解更精确,但同时计算的时间会更长,需要根据具体问题设定。

以上四个参数对差分进化算法的求解结果和求解效率都有很大的影响,因此要合理设定这些参数才能获得较好的效果。

第5章

模糊控制应用

5.1 模糊控制与 PID 控制的结合

PID 控制是控制领域实际应用最多的一类控制方法，PID 调节器及其改进型是工业过程控制中最常见的控制器。PID 控制的优点是算法简单、稳定性能好、可靠性高，但是传统的 PID 控制往往不能适应控制对象的参数变化和非线性特性，不能满足各种工况下的性能指标。另外，PID 控制要取得好的控制效果，就必须对比例、积分和微分三种控制作用进行调整以形成相互配合又相互制约的关系，这种关系不是简单的“线性组合”，应该从无穷的非线性组合中找出最佳的关系。这些都制约了 PID 控制性能的进一步发挥。

模糊控制模拟人的模糊思维方法，能够对真实世界的近似的、不确切的特征进行刻画，因此在对那些难以建立数学模型或根本不可能用解析模型描述的复杂系统进行控制时表现出很好的适应性和鲁棒性。但是由于对模糊控制系统的设计缺乏系统的稳定性分析和误差估计方法，因而影响了其理论与应用研究的进一步发展。将 PID 控制与模糊控制结合起来，则有望结合两种控制方法的优点，克服其不足，得到良好的综合控制性能。模糊 PID 控制的优点如下：

(1)具有自适应性。模糊逻辑的引入使得控制器参数能够自动整定，从而更好地适应被控过程参数变化以及外部干扰等不确定因素的影响，鲁棒性能大大提高。

(2)易于工程实现。从控制策略和控制算法来看，模糊 PID 系统的结构并不复杂，它具有常规 PID 控制器结构简单、可靠性高、易于为现场工作人员和设计工程师们所熟悉的优点。

5.2 船舶航向模糊控制器设计

5.2.1 船舶航向控制原理

一般情况下，船舶航向 ψ_c 由指挥人员给定，实际航向 ψ_r 由罗经给出，航向偏转速度 w(即航向偏差变化率 e_c)经计算机计算得出。操舵人员根据上述信息，凭自己的经验给出控制舵角 δ_c，从而使船舶回到给定的航向 ψ_c 上航行。但是，常规的 PID 控制必须由人工设置参数，当船舶的参数变化较大时，这样的调整不能精确、快速地完成，限制了自动操舵功能的应用。为解决此问题，自适应自动舵的研究与应用开始引起重视。自适应舵在对船舶控制方面取得了很好的效果，但是其实现成本高，参数调节不及时不精确，特别是在海上环境复杂、不确定的情况下，控制效果更是难以保证。显然，这主要是依赖于人工操舵经验及人工处理控制问题时所体现出来的模糊思维方式的特点。

航向偏差和舵角的正负定义如下。

(1)航向偏差 $\Delta\psi$:沿原航向顺时针偏航为正，沿原航向逆时针偏航为负。

(2)舵角 δ:左舵为正，右舵为负。

传统自动舵控制系统方框图如图 5-1 所示。

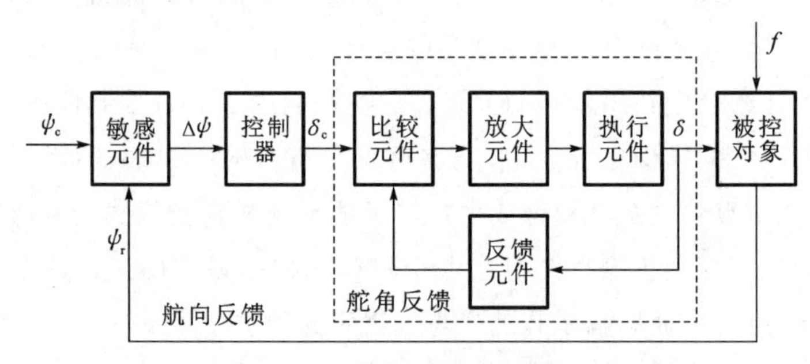

图 5-1 传统自动舵控制系统方框图

其中，ψ_c——给定航向；

ψ_r——实际航向；

δ_c——指令舵角，是转舵的控制信号；

δ——舵角，作用于被控对象的输入量；

f——作用在船舶上的外界干扰。

图 5-1 中虚线框中的系统即为随动操舵系统。比较元件、放大器元件、执行器和舵

角反馈元件组成随动转向系统。

当船舶无扰动作用(即 $f(t)=0$)时，则船舶航向的偏差角度为 $\Delta\psi=\psi_r(t)-\psi_c(t)$，此时系统无控制信号，执行机构静止不动，船舶按原航向航行；船舶受扰动($f(t)\neq 0$)时向左或向右转，系统有控制信号，由发动机驱动使舵向右或向左移动，迫使船舶返回原航向航行。这就是船舶航向控制的基本工作原理。

5.2.2　船舶航向控制数学模型

由于船舶的特殊工作环境，在海上航向总是受到风浪流的影响，这些外界的不确定性影响直接关系到船舶航行时的稳定性，所以在船舶航向模糊控制系统的设计上非常重要。船舶平面运动的坐标系可用图 5-2 来表示。

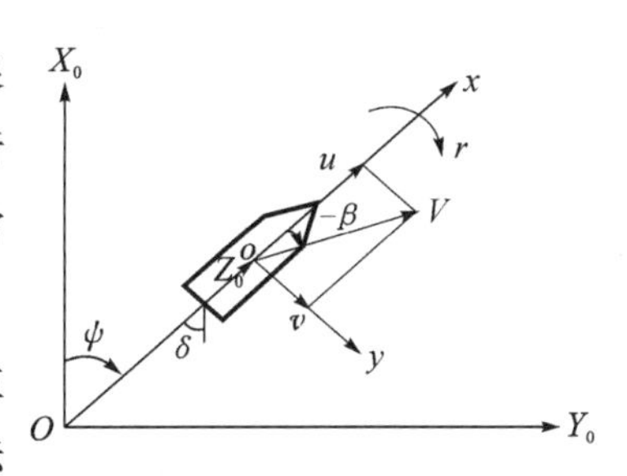

图 5.2　船舶平面运动的坐标系

在图 5-2 中，$O\text{-}X_0Y_0Z_0$ 是惯性坐标系，O 为起始位置，OX_0 指向正北，OZ_0 指向地心为正；$o\text{-}xyz$ 是附体坐标系，o 为船舶中心，ox 沿船中线指向船首，oz 指向地心为正；航向角 ψ 以正北为零度，沿顺时针方向取 0°～360°；舵角 δ 以右舵为正；V 为航速，v 为横漂速度，u 为前向速度；$r=\dot{\psi}$为回转率(转首角速度)，β 为漂流角。

根据牛顿运动定律可以导出船舶操纵运动的数学模型：

$$\begin{cases} m(\dot{u}-vr-x_G r^2)=X+X_D \\ m(\dot{v}+ur+x_G r^2)=Y+Y_D \\ I_z\dot{r}+mx_G(\dot{v}+ur)=N+N_D \end{cases} \tag{5-1}$$

式中，u、v 分别表示为前向速度、横漂速度，是航速 V 在 OX，OY 上的分量；r 是偏航角速度，x_G 是中心的 X 轴坐标；m 为船体的质量；I_z是环绕 Z 轴的转动惯量；X，Y，N 为总的流体动力和动力矩分量；X_D，Y_D，N_D 为干扰力和力矩分量。

在航向控制设计中，一般采用线性化处理，即将运动方程按照泰勒级数展开，得到二阶转首响应方程：

$$T_1T_2\dddot{\psi}+(T_1+T_2)\ddot{\psi}+\dot{\psi}=K(T_3\dot{\delta}+\delta) \tag{5-2}$$

其中，T_1、T_2、T_3 为三个时间常数；K 为比例系数，它们分别由船舶的方形系数、吨位、载重和航速等因素决定。其传递函数可表示为

$$\frac{\psi(S)}{\delta(S)}=G(s)=\frac{k(T_3s+1)}{s(T_1s+1)(T_2s+1)} \tag{5-3}$$

对于直线稳定和舵角较小时的情况，上式可近似简化为如下的一阶 Nomoto 方程：

$$T\ddot{\psi}+\dot{\psi}=K\delta \tag{5-4}$$

其对应的传递函数为

$$\frac{\psi(S)}{\delta(S)}=\frac{K}{s(Ts+1)} \tag{5-5}$$

式中，ψ 为航向，δ 为舵角，且满足

$$T=T_1+T_2-T_3 \tag{5-5}$$

式(5-2)也称船舶操纵运动 K-T 模型，K 值的大小表明船舶旋回性的优劣，因此，K 称为旋回性指数。

5.2.3 船舶航向模糊控制器的结构设计

模糊控制器的结构设计是指模糊控制器的输入变量和输出变量的确定。根据常规的自动舵工作原理，通过测量传感器可以得到船舶的航向偏差 e；为了反映偏差的变化趋势，模糊控制器输入还必须对偏差变化率 e_c 求和，即必须选择二维模糊控制器结构，这也是与人的控制经验相符的。对于输出变量，如果使用全输出(即使用实际舵角)，则控制器输出对应于实际执行器位置。如果计算失败，输出的较大变化将导致执行器位置的较大变化，这在实际应用中往往是不允许的，容易造成执行机构的损坏和控制失灵。因此，二维模糊控制器反映人工操作经验及模糊。本节选择控制量的增量(即舵角的增量)u 作为控制器的输出。船舶航向模糊控制系统结构如图 5-3 所示，其中 ψ_r 定义为实际航向，ψ_c 为设定航向。将设定的航向 ψ_c 与航向测量装置得到的航向测量值进行比较，得到航向偏差 e。模糊控制器控制偏差 e，对偏差变化率 e_c 进行推理计算，产生舵角 δ。K_e 与 K_c 分别为偏差和偏差变化率的量化因子，而 K_u 为输出比例因子。

航向偏差 e：

$$e(t)=\Delta\psi=\psi_r(t)-\psi_c(t)$$

偏差变化率 e_c：

$$e_c=e(t)-e(t-1)$$

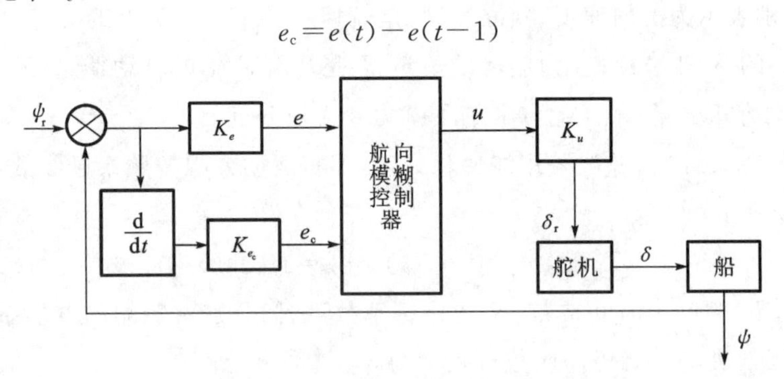

图 5-3 船舶航向模糊控制的系统框图

5.2.4 船舶航向模糊控制器设计

船舶航向模糊控制器的设计步骤如下。

1. 论域及模糊语言变量

(1)输入输出变量的量化论域设计。

根据船舶操纵及控制器设计的需要,设定模糊变量的取值范围,令航向偏差 e 和航向偏差的变化率 e_c 的范围是[−6,6],舵角增量 u 的范围为[−5,5],且

$$X=\{-5,-3,-2,-1,0,1,2,3,4,5\}$$

$$Y=\{-6,-5,-3,-2,-1,0,1,2,3,4,5,6\}$$

$$Z=\{-6,-5,-3,-2,-1,0,1,2,3,4,5,6\}$$

(2)一般情况下,令控制器的语言值为

$$\tilde{e}=\{NB,NM,NS,ZO,PS,PM,PB\}$$

$$\tilde{e}_c=\{NB,NM,NS,ZO,PS,PM,PB\}$$

$$\tilde{u}=\{NB,NM,NS,ZO,PS,PM,PB\}$$

(3)输入输出变量基本论域设计。

本节所设计模糊控制器输入输出变量的基本论域如下:

航向偏差 e 为[−10°,10°];

偏差变化率 e_c 为[−0.5°/s,0.5°/s];

舵角增量 u 为[−10°,10°]。

2. 量化因子与比例因子

设航向偏差的基本论域为$[-x_e,x_e]$,偏差变化率的基本论域为$[-x_{e_c},x_{e_c}]$,舵角增量的基本论域为$[-y_u,y_u]$。

设航向偏差 e 所取的模糊子集的论域为

$$\{-n,-n+1,\cdots,0,\cdots,-1,n\}$$

偏差变化率 e_c 所取的模糊子集的论域为

$$\{-m,-m+1,\cdots,0,\cdots,m-1,m\}$$

控制量增量 u 所取的模糊子集的论域为

$$\{-l,-l+1,\cdots,0,\cdots,l-1,l\}$$

于是,量化因子可由下式确定:

$$K_e=n/x_e \tag{5-6}$$

$$K_{e_c}=m/x_{e_c} \tag{5-7}$$

由此可见,量化因子实际上类似于增益的概念。

输出变量的比例因子由下式确定,即

$$K_u=y_u/l \tag{5-8}$$

如前所述,要将基本论域输入输出量的值转换为模糊变量,可用下式表示:

$$E=\text{INT}(K_e e+0.5) \tag{5-9}$$

式中，INT 表示取整运算。

定义本节中的量化因子和比例因子如下。

量化因子：

$$K_e=\frac{6}{10}=0.6,\quad K_{e_c}=\frac{6}{0.5}=12$$

比例因子：

$$K_u=\frac{10}{5}=2$$

在设计模糊控制器时，合理选择模糊控制器输入变量的量化因子和输出变量的比例因子也很重要，这对模糊控制器的控制性能影响很大。一般来说，K_c 选择较大时，超调量减小，但系统的响应速度变慢。K_e 和 K_{e_c} 代表着对输入变量误差和误差变化率的不同程度的加权。输出比例因子 K_u 用作模糊控制器的总增益。它的大小会影响控制器的输出。调整 K_u 可以改变被控对象的输入大小。

在控制过程中改变量化因子和比例因子会得到较好的控制效果。

3. 隶属函数的确定

模糊语言值要通过隶属函数来描述，不与控制规则发生冲突。输入航向偏差 e、偏差变化率 e_c 输出舵角增量 u 的隶属度分别如图 5-4、图 5-5、图 5-6 所示。

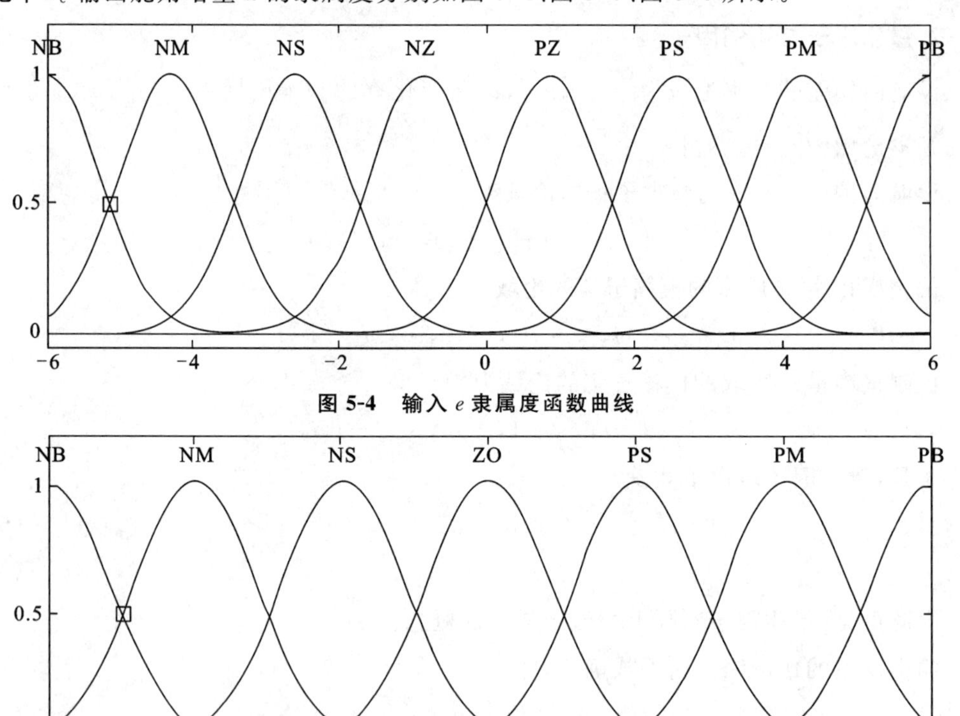

图 5-4　输入 e 隶属度函数曲线

图 5-5　输入 e_c 隶属度函数曲线

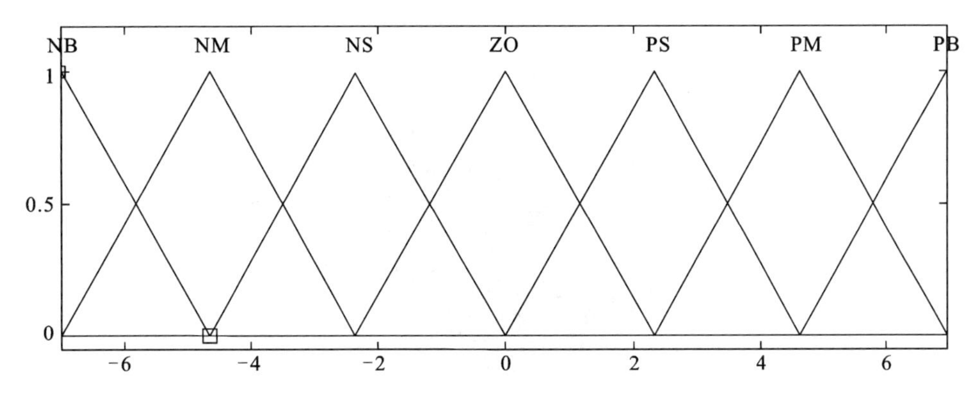

图 5-6　输出 u 隶属度函数曲线

4. 模糊规则的确定

根据对模糊控制器控制过程的监督进行归纳和总结;利用模糊集合理论对被控过程进行建模;在控制系统运行中,实现规则的自组织。

总结船舶驾驶员的实践经验,修改得到以下 21 个模糊条件句所代表的控制规则。船舶航向控制规则见表 5-1,模糊规则如图 5-7 所示。

表 5-1　船舶航向控制规则

输入偏差的变化率 e_c	输入偏差 e							
	PB	NB	NM	NS	NZ	PZ	PS	PM
NB	NB	NB	NM	NM	NM	NS	ZO	ZO
NM	NB	NB	NM	NM	NM	NS	ZO	ZO
NS	NB	NB	NM	NS	NS	ZO	PM	PM
ZO	NB	NB	NM	ZO	ZO	PM	PB	PB
PS	NM	NM	ZO	PS	PS	PM	PB	PB
PM	ZO	ZO	PS	PM	PM	PM	PB	PB
PB	ZO	ZO	PS	PM	PM	PM	PB	PB

表中的规则可阐述如下:

R1——如果 e 是 NB 且 e_c 是 NB,则 u 是 NB;

R2——如果 e 是 NS 且 e_c 是 NB,则 u 是 NM;

⋮　　　　⋮

R25——如果 e 是 PB 且 e_c 是 PB,则 u 是 PB。

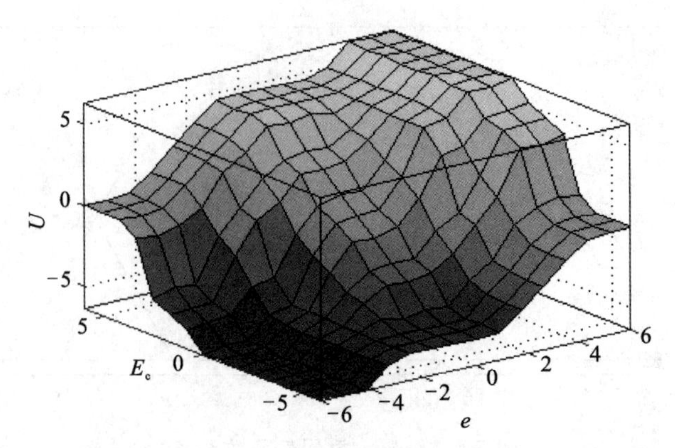

图 5-7　模糊规则 FIS 结构

5.2.5　模糊 PID 控制器设计

模糊 PID 控制系统结构图如图 5-8 所示：

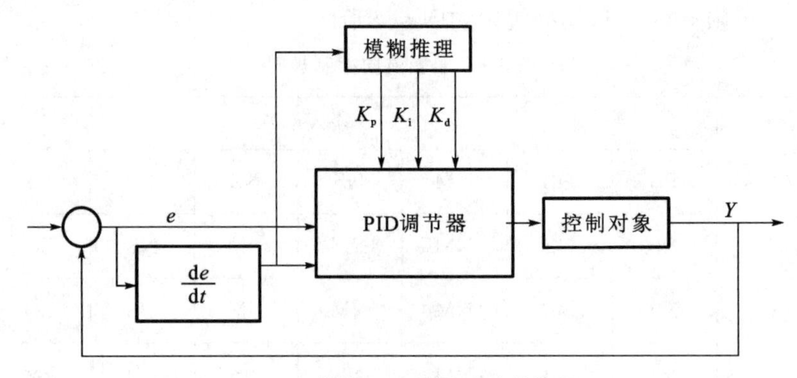

图 5-8　模糊 PID 控制系统结构图

根据 PID 控制的基本特性，不同的 e 和 e_c 对 K_p、K_i、K_d 的要求也不同：

(1)当 $|e|$ 很大时，要尽快消除偏差，提高响应速度，K_p 应该取大一些。为了避免出现超调现象，K_i、K_d 最好为零。

(2)当 $|e|$ 较小时，为继续消除偏差并防止超调过大，产生振荡，K_p 应减小，K_i 可取较小值。K_d 的值视 $|e_c|$ 而定。

(3)当 e 与 e_c 异号时，被控量朝着接近给定值的方向变化；当 e 与 e_c 同号时，被控量朝着偏离给定值的方向变化。因此，当被控量接近给定值时，反号的比例作用阻碍积分作用，因而避免了积分超调及随之带来的振荡。在 e 较大，e_c 为负值时，K_p 取负值，这样可以加快控制的动态过程。

(4)当 e_c 很大时，K_p 应该取小值，K_i 取值应稍大，反之亦然。

设计模糊 PID 控制器时，模糊控制的设计原理与简单模糊控制器的设计类似，K_p、

K_i、K_d 模糊调整规则分别如表 5-2、表 5-3、表 5-4 所示。

表 5-2　K_p 模糊调整规则

控制量 K_p		输入偏差的变化率 e_c						
		NB	NM	NS	ZO	PS	PM	PB
输入偏差 e	NB	PB	PB	PB	PB	PM	PS	ZO
	NM	PM	PM	PS	PS	PS	ZO	ZO
	NS	PM	PS	ZO	ZO	ZO	NS	NM
	NO	PS	PS	ZO	ZO	ZO	NM	NB
	PO	NB	NM	ZO	ZO	ZO	PS	PM
	PS	NM	NS	ZO	ZO	ZO	PS	PM
	PM	ZO	ZO	PS	PM	PM	PB	PB
	PB	ZO	PB	PB	PB	PB	PB	PB

表 5-3　K_i 模糊调整规则

控制量 K_i		输入偏差的变化率 e_c						
		NB	NM	NS	ZO	PS	PM	PB
输入偏差 e	NB	PB	PB	PB	PB	PM	PS	ZO
	NM	PB	PB	PB	PM	PS	ZO	ZO
	NS	PB	PM	PS	PS	ZO	NS	NM
	ZO	NM	NS	ZO	ZO	ZO	NS	NM
	PS	NM	NS	ZO	PS	PS	PM	PB
	PM	ZO	ZO	PS	PM	PM	PB	PB
	PB	ZO	PS	PB	PB	PB	PB	PB

表 5-4　K_d 模糊调整规则

控制量 K_d		输入偏差的变化率 e_c					
		NB	NM	NS	PS	PM	PB
输入偏差 e	NB	NB	NB	NB	PS	PM	PB
	NM	ZO	NS	NB	ZO	PM	PB
	NS	PM	PM	PS	PS	PM	PB
	ZO	PB	PM	PS	PS	PM	PB
	PS	PB	PM	PS	PS	PM	PB
	PM	PM	PS	ZO	NM	NS	ZO
	PB	PM	PM	PS	NB	NB	NB

K_p 推理系统输出曲面如图 5-9 所示，K_i 推理系统输出曲面如图 5-10 所示，K_d 推理系统输出曲面如图 5-11 所示。

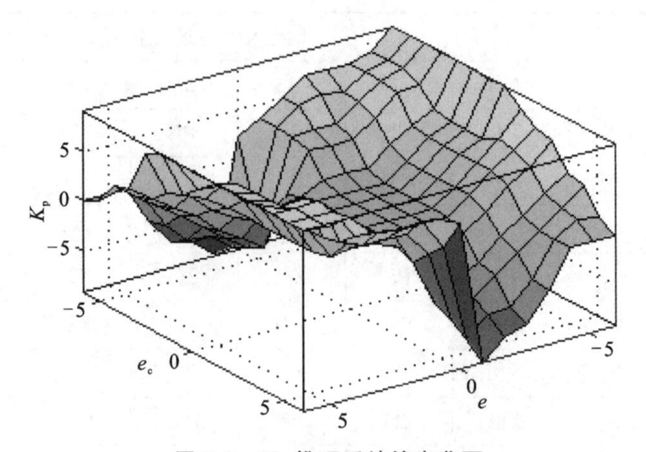

图 5-9　K_p 推理系统输出曲面

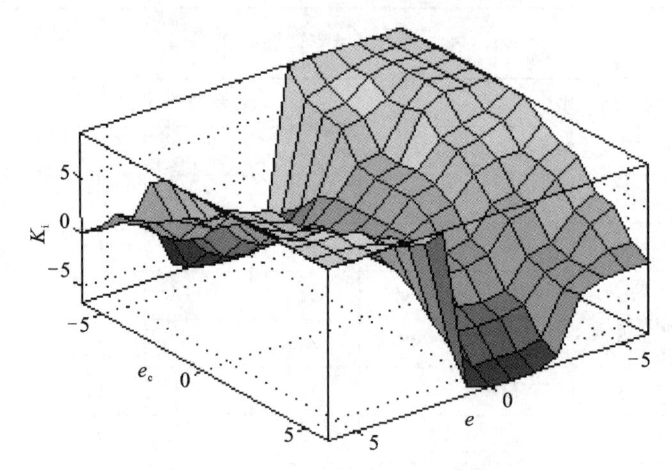

图 5-10　K_i 推理系统输出曲面

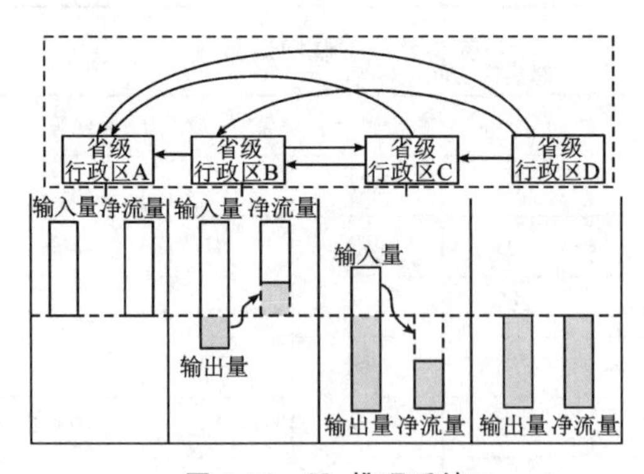

图 5-11　K_d 推理系统

5.2.6 仿真分析

根据以上的方法，利用 MATLAB 的 Simulink 仿真环境及 Fuzzy-toolbox 对某船舶的运动系统进行仿真研究。

1. 实船参数

回转性参数：$K=0.2167$。

稳定性参数：$T=45.45$。

航速：32 节。

2. 舵角随动系统

时间参数：$T=3$ s。

3. 海洋环境干扰

风浪流的恒值干扰：w，-40，-40。

利用 MATLAB 中的 Simulink 工具搭建如图 5-12、图 5-13、图 5-14 的仿真控制器模型。

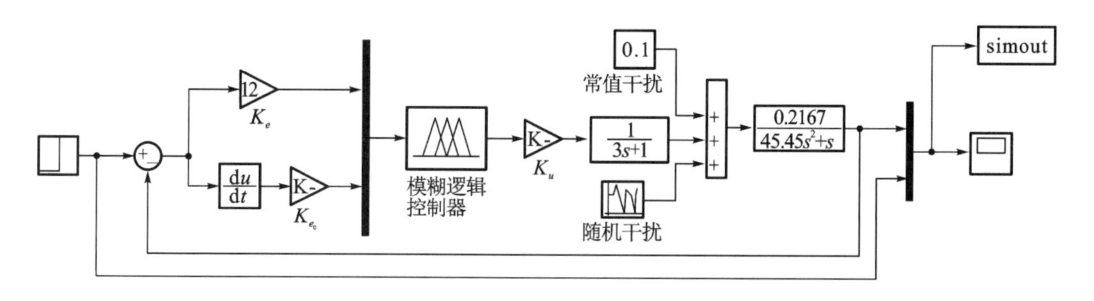

图 5-12 模糊控制器模型

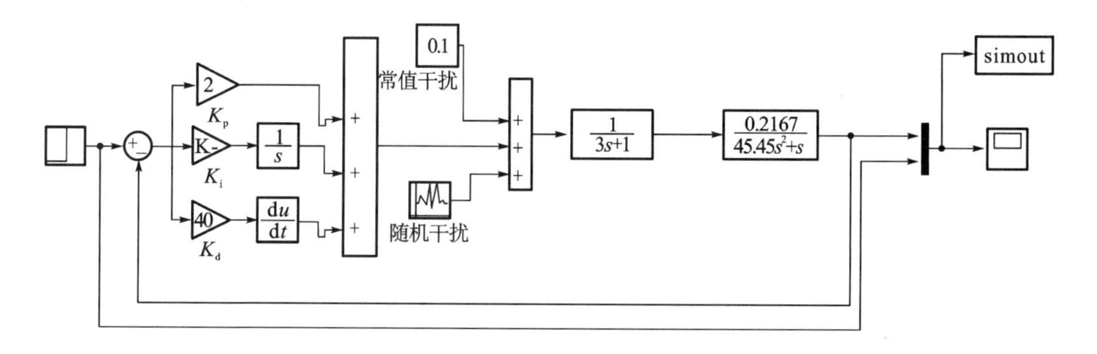

图 5-13 PID 控制器模型

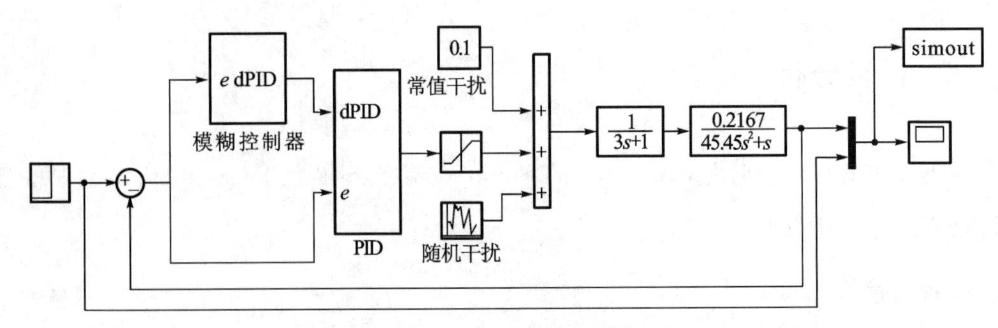

图 5-14　模糊-PID 控制器模型

Fuzzy Control(模糊控制)封装模块的模型图如图 5-15 所示,它的作用是自适应调整 PID 的三个参数。

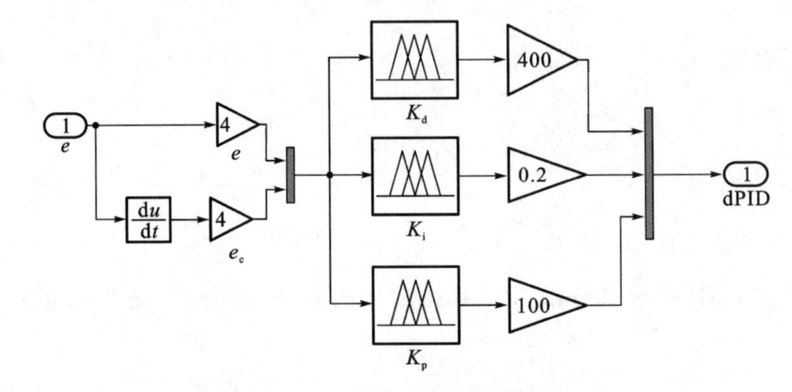

图 5-15　模糊控制器封装模型

PID 封装模块的模型图如图 5-16 所示,它的作用是将模糊控制器算得的三个参数输入模块,进行 PID 控制。

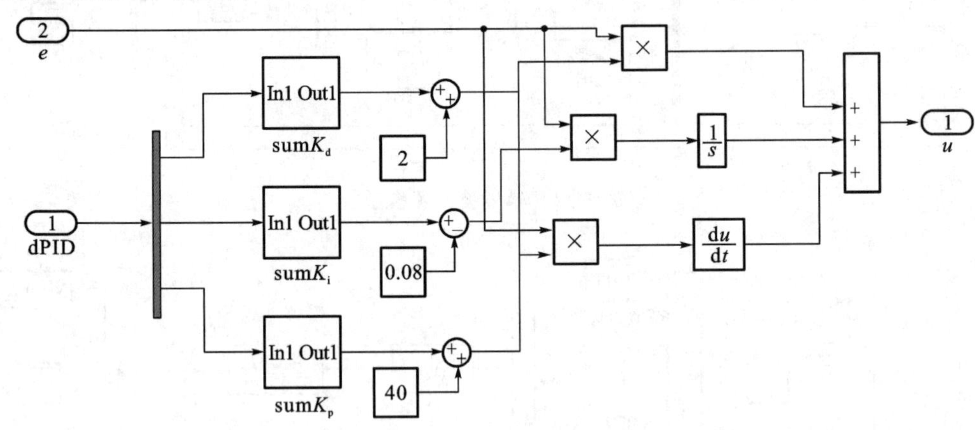

图 5-16　PID 封装模型

本节以实尺度的船舶模型进行仿真模拟研究。假设船舶的初始航向角和舵角值均为 0,设定目标航向角 $\psi_c=120°$,处于非逆风航行区域,根据理论计算公式:

$$K_p = T \cdot \frac{W_n^2}{K}$$

$$K_i = T \cdot \frac{W_n^3}{K}$$

$$K_d = \frac{2T \cdot \varepsilon \cdot W_n^2 - 1}{K}$$

式中，W_n，ε 分别为系统的自然频率和相对衰减系数；T 为稳定性参数；K 为船舶的回转性参数。适当修改得出 PID 控制参数为 $K_p=0.42$，$K_i=0.001$，$K_d=1.12$。

由于航速不同，船舶的回转性参数 K 和稳定性参数 T 也会有所不同，当航速 V 分别为 2.0 m/s，2.5 m/s 和 3.0 m/s 时，回转性参数分别为 −21.99，−27.49，−32.98，稳定性参数分别为 −22.96，−18.36，−15.30。不同航速下，两种控制仿真对比结果如图5-17所示。

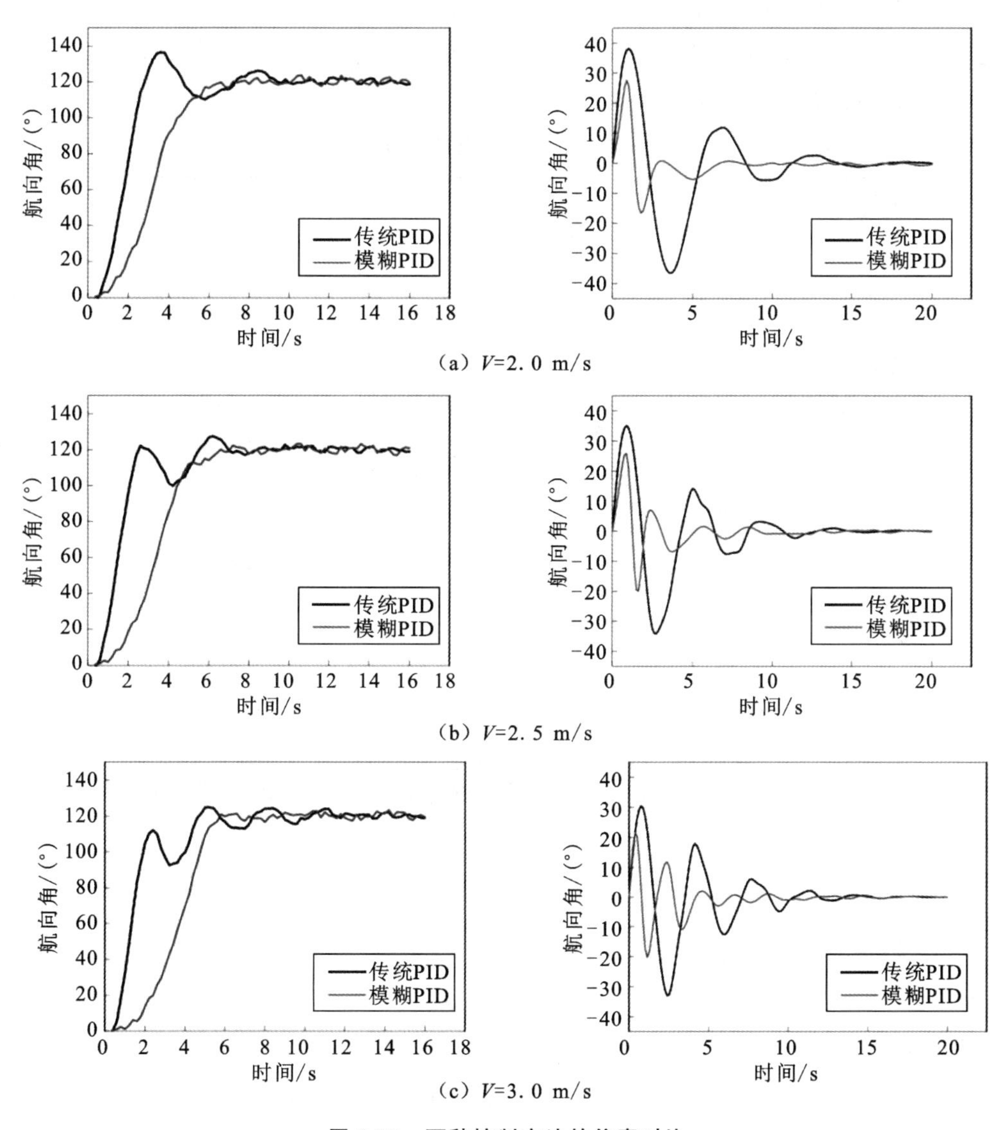

图 5-17 两种控制方法的仿真对比

从图 5-17 中可以看出，这两种控制方法均能实现航向的控制，但控制效果有所差别。当船舶的航速 $V=2.0$ m/s 时，传统 PID 控制在 3 s 左右达到目标航向角，并出现 20°左右的最大超调量，在 10 s 左右趋于稳定；模糊 PID 控制的调节时间约为 6 s，无超调量。当航速 $V=2.5$ m/s 时，传统 PID 稳定控制时间约为 9 s，最大超调量为 10°；模糊 PID 控制调节时间约为 7 s，无超调量。当航速 $V=3.0$ m/s 时，传统 PID 控制调节时间约为 12 s，最大超调量为 5°，并出现一定的波动情况；模糊 PID 控制调节时间约为 6 s，无超调量。传统 PID 控制和模糊 PID 控制的主要控制性能参数如表 5-5 所示。从表中可以看出，模糊 PID 和传统 PID 相比有较短的稳定调节时间和更小的操舵角，且均未出现明显的超调量和波动情况。由于传统 PID 参数固定，往往是在船舶到达目标航向角并出现一定的超调量和偏差后，才进行转舵的控制。而模糊 PID 能够动态调节参数，在即将到达目标航向角时提前进行转舵的控制，使其在面对不同的航速和复杂的海洋环境干扰下，表现出很好的控制效果和较强的自适应能力。

表 5-5　传统 PID 控制与模糊 PID 控制对比

航速 V/(m/s)	控制方法	稳定调节时间/s	最大操舵角/(°)	有无超调量
2.0	传统 PID	10	38	有
	模糊 PID	6	26	无
2.5	传统 PID	9	34	有
	模糊 PID	7	22	无
3.0	传统 PID	12	32	有
	模糊 PID	6	21	无

从上节分析得出：单一的模糊控制器在没有干扰的情况下调节时间很短，响应较快，控制效果非常好，然而在遇到干扰时效果比较差。

模糊-PID 控制器相比前两者而言，结合了各自的优点，在复杂的海域条件下稳定性较理想，取得了较好的控制效果。

5.3　洞库温湿度模糊控制器设计

5.3.1　洞库温湿度控制系统模型

通过查阅资料、结合实际生活中的相关经验，我们可以得出温度和湿度这两个变量具有很强的耦合性，在对温度和湿度进行控制之前必须进行解耦，这样才可以达到较好的控制效果，现代洞库中温度变化对湿度变化作用明显，温度的上升会引起湿度相应的下降。在洞库内湿度变化对温度变化的影响并不明显，据此思路，可以采取将温度控制通道和湿度控制通道进行解耦分别独立设计，并增加一个温度对湿度补偿控制器的方法。洞库温湿度解耦后的控制模型如图 5-18 所示。

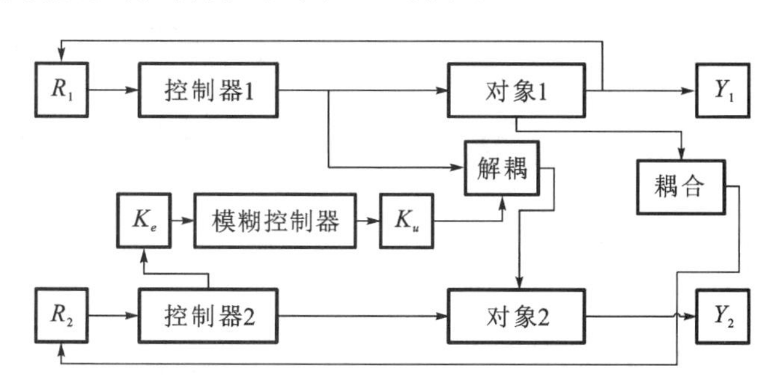

图 5-18　洞库温湿度解耦结构图

在图 5-18 中，上半部分为温度控制回路，湿度对温度没有耦合，温度控制回路相对独立。下半部分为湿度控制回路，温度对湿度存在较大静态耦合，假设温度对湿度的静态耦合系数为 WS，模糊控制器具有多条模糊控制规则，每一条规则可看作确定情况下的 PID 控制器。将在静态耦合系数 WS 的基础上引入模糊控制器，将湿度实际值与设定值误差作为一维模糊控制器输入量，实现洞库温湿度动态解耦。

1. 温度控制通道数学模型

洞库温度数学模型可以近似地以一阶、二阶以及一阶加时延、二阶加时延来描述。在查阅资料的基础上确立洞库温度数学模型，洞库温度数学模型的放大系数取值为 0.83，洞库温度时间常数取值为 1680 s，纯滞后时间为 200 s。

$$G_T(s)=\frac{0.83}{1680s+1}e^{-200s} \tag{5-10}$$

2. 湿度控制通道数学模型

洞库湿度数学模型可以近似地以一阶、二阶以及一阶加时延、二阶加时延来描述。在查阅资料的基础上确立洞库湿度数学模型，洞库数学湿度模型放大系数取值为 0.33，洞库湿度时间常数取值为 1920 s，纯滞后时间为 260 s。

$$G_H(s)=\frac{0.33}{1920s+1}e^{-260s} \tag{5-11}$$

3. 洞库温湿度控制系统的解耦策略

耦合式洞库温湿度控制系统普遍存在的一个问题就是，在洞库温湿度控制系统中，哪怕对输入量进行大量调整，耦合现象也不会消失，所以将温度、湿度单独进行输入会有困难，会明显降低洞库温湿度模糊控制器的控制质量，当输入量耦合强度特别大时，模糊控制器很难进行工作。我们把两个存在某种关系的输入量通过一定手段使其存在的关系减弱的过程叫做解耦。当解耦手段选择得当时，甚至可以完全消除输入量之间存在的关系，进而使输入量相对独立，此时模糊控制器可以取得很好的控制效果。模糊-静态解耦结构图如图 5-19 所示。

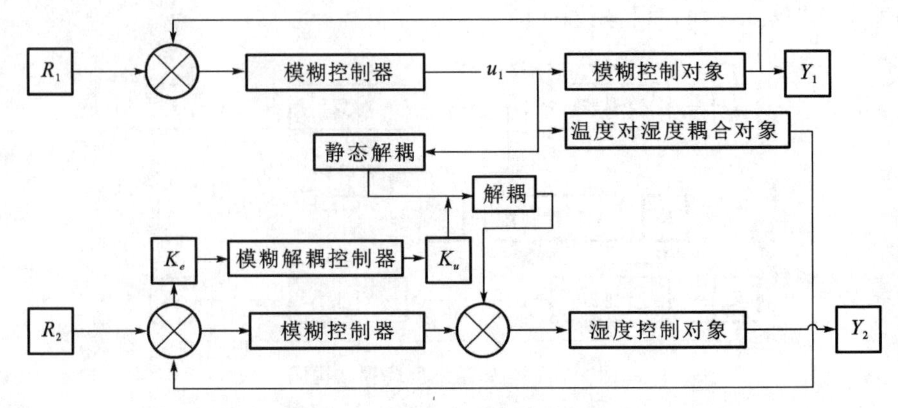

图 5-19　模糊-静态解耦结构图

5.3.2　洞库温湿度控制系统架构

针对洞库温度、湿度模糊控制展开，模糊控制器的设计方案参考图 5-20。

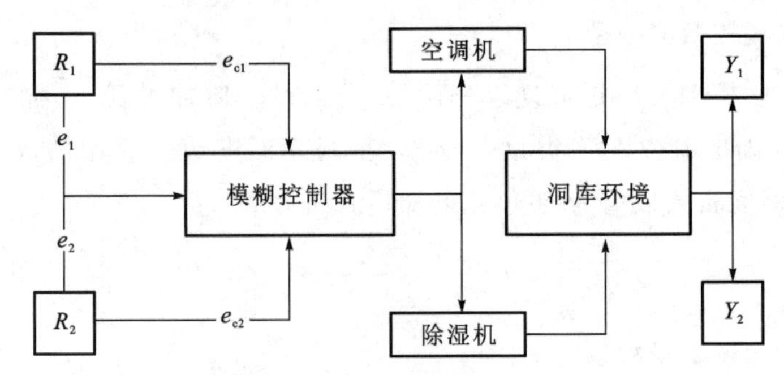

图 5-20　模糊控制器结构图

图 5-20 中 R_1 是洞库中适合存储物资的温度范围，R_2 是洞库中适合存储物资的湿度范围。e_1、e_2 分别是温度、湿度实际值与标准值之间的误差，e_{c1}、e_{c2} 分别是将温度、湿度误差对时间求导后的参数，实际体现误差随时间变化的规律。Y_1、Y_2 分别是模糊控制器作用于空调机、除湿机的实际输出。

5.3.3　应用于洞库温湿度控制的模糊控制器设计

1. 确定模糊控制器的输入量、输出量

洞库温湿度模糊控制器所采用的结构是双输入双输出，洞库温湿度模糊控制器采用温湿度实际值与设定值之间的误差及温湿度误差变化率作为输入量。考虑到洞库温湿

度控制在实际情况中温度、湿度要分别测量，所以在设计洞库温湿度模糊控制器的过程中温度、湿度采用解耦后的传递函数。模糊控制器的维数随着输入量的增多而升高，输入量的增多固然会实现对被控系统的控制效果增强，但是随着维数的增多，带来的问题也显而易见。以洞库温湿度模糊控制器为例所带来的问题有洞库温湿度模糊控制规则设计困难、洞库温湿度模糊控制器复杂、计算机仿真难以实现等。经过查阅资料发现二维温湿度模糊控制器能够对洞库温湿度实现较好的控制，所以应选用二维模糊控制器。

2. 输入量和输出量的模糊语言描述

洞库温湿度模糊控制器输入量为温度误差、湿度误差、温度误差变化率、湿度误差变化率，是基本论域。基本论域是一个连续的有限长区间，区间内的数值都是精确值。在设计模糊控制器时需要将基本论域模糊化。输入量对于模糊控制器的影响较大，本节中将输入量分为9个等级：

$$e=\{-2,-1.5,-1,-0.5,0,+0.5,+1,+1.5,+2\}$$

$$e_c=\{-2,-1.5,-1,-0.5,0,+0.5,+1,+1.5,+2\}$$

$$u=\{-2,-1.5,-1,-0.5,0,+0.5,+1,+1.5,+2\}$$

在本节设计的模糊控制器中，基于模糊控制理论将语言值分为七个等级，分别是NB、NM、NS、Z、PS、PM、PB，含义分别是负大、负中、负小、零、正小、正中、正大，由此可得模糊集合：

$$e=\{NB,NM,NS,Z,PS,PM,PB\}$$

$$e_c=\{NB,NM,NS,Z,PS,PM,PB\}$$

$$u=\{NB,NM,NS,Z,PS,PM,PB\}$$

在本次洞库温湿度模糊控制中隶属度函数选用三角形隶属度函数，三角形隶属函数具有表达简单、算法易于实现等特点，响应时间快，在系统有干扰时能够及时显示输出结果，本节模糊控制器所采用的隶属度函数如图5-21所示。

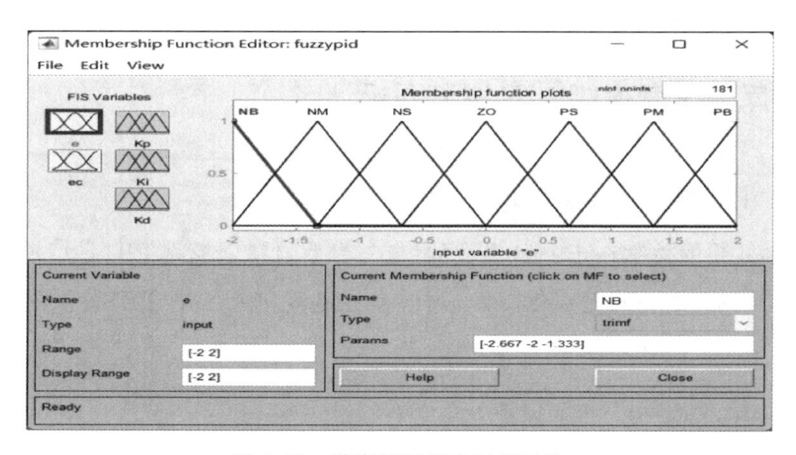

图5-21　模糊控制器隶属度函数

3. 模糊规则的形成和推理

模糊规则的确立是由被控系统的专家、熟练的操作人员依据自身的知识、经验所制定，在制定模糊控制规则时主要考虑误差及误差变化率。例如：在制定模糊控制规则的时候，当实际输出值小于规定值很多且两者之间的误差有增大的趋势时，被控系统的误差有继续增大的变化趋势，为了尽快减小实际输出值与规定值之间的误差，应该将控制量选为正大。当实际输出值小于规定值且两者之间的误差有减小的趋势时，通过实际输出值与规定值之间的误差变化来看，被控系统本身已有让误差减小的趋势，为尽快消除实际输出值与规定值之间的误差，应取较大的控制量输入，但与此同时为了保证被控系统不出现超调量，应当采取较小的控制量输入被控系统；当实际输出值小于规定值很多且两者之间误差有减小的趋势时，应该采取中等控制量输入被控系统。模糊控制规则如表 5-6 所示。

表 5-6　模糊控制规则

u		输入偏差的变化率 e_c						
		NB	NM	NS	ZO	PS	PM	PB
输入偏差 e	NB	PS	NS	NB	NB	NB	NM	PB
	NM	PS	NS	NB	NM	NM	NS	ZO
	NS	ZO	NS	NM	PS	NS	NS	ZO
	ZO	ZO	NS	NS	PS	NS	NS	ZO
	PS	ZO	ZO	ZO	PS	ZO	ZO	ZO
	PM	PM	PS	PS	0	PS	PS	PB
	PB	PM	PM	PM	PM	PS	PM	PB

5.3.4　洞库温湿度模糊 PID 控制器设计

1. 模糊 PID 参数整定基本原理

PID 控制效果的关键在于 PID 参数的整定，参数自整定模糊 PID 是用模糊控制来实现的，依据系统偏差 e 和偏差变化率 e_c，用模糊控制规则在线对 PID 参数进行修改。模糊 PID 原理图如图 5-22 所示。

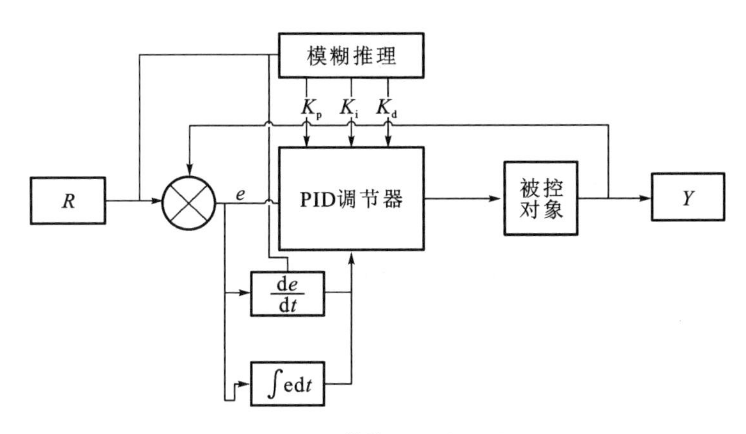

图 5-22　模糊 PID 原理图

2. 模糊控制器整定规则

自适应模糊 PID 控制系统最核心的部分就是模糊规则的整定，规则的好坏决定了控制系统能否快速、准确地对输入量进行识别和输出。在此次设计的模糊 PID 控制器中，基于模糊控制理论将语言值分为七个等级，它们分别是 NB、NM、NS、ZO、PS、PM、PB，其含义分别是负大、负中、负小、零、正小、正中、正大，由此可得模糊 PID 控制规则如表 5-7 所示。

表 5-7　模糊 PID 控制规则

输入偏差 e	输入偏差的变化率 e_c						
	NB K_p K_i K_d	NM K_p K_i K_d	NS K_p K_i K_d	ZO K_p K_i K_d	PS K_p K_i K_d	PM K_p K_i K_d	PB K_p K_i K_d
NB	PB NB PS	PB NB NS	PM NM NB	PM NM NB	PS NS NB	ZO ZO NM	ZO ZO PS
NM	PB NB PS	PB NB NS	PM NM NB	PS NS NM	PS NS NM	ZO ZO NS	NS ZO ZO
NS	PM NB ZO	PM NM NS	PM NS NM	PS NS NM	ZO ZO NS	NS PS NS	NS PS ZO
ZO	PM NM ZO	PM NM NS	PS NS NS	ZO ZO MS	NS PS NS	NM PM NS	NM PM ZO
PS	PS NS ZO	PS NS ZO	ZO ZO ZO	NS PS ZO	NM PS ZO	NM PM ZO	NM PB ZO
PM	PS ZO PB	ZO ZO PS	NS PS PS	NS PS PS	NM PM PS	NB PB PS	NB PB PB
PB	ZO ZO PB	ZO ZO PM	NS PS PM	NM PM PM	NM PM PS	NB PB PS	NB PB PB

依据确定的洞库温湿度控制模型进行仿真实验，设计出 PID 控制器、模糊控制器、模糊 PID 控制器。

5.3.5 洞库温湿度系统 PID 控制仿真

首先建立洞库温湿度 PID 控制器模型如图 5-23 所示，其上半部分为温度控制回路，下半部分为湿度控制回路，中间连接部分为温度对湿度的耦合补偿回路。仿真结果如图 5-24、图 5-25 所示，其中图 5-24 为洞库温湿度 PID 控制器湿度控制曲线，图 5-25 为洞库温湿度 PID 控制器温度控制曲线。通过曲线可以看出洞库温湿度 PID 控制器可以较快地达到稳定，但是不足之处为超调量较大。

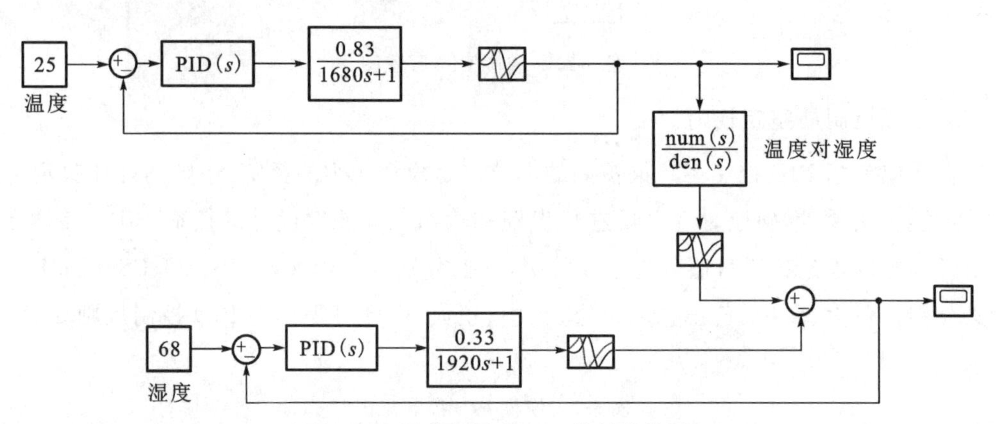

图 5-23　洞库温湿度 PID 控制器模型

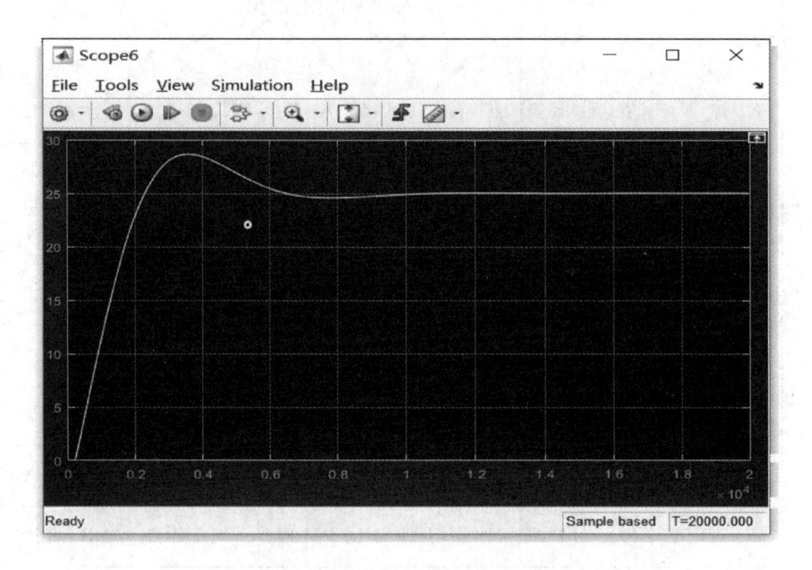

图 5-24　洞库温湿度 PID 控制器湿度控制曲线

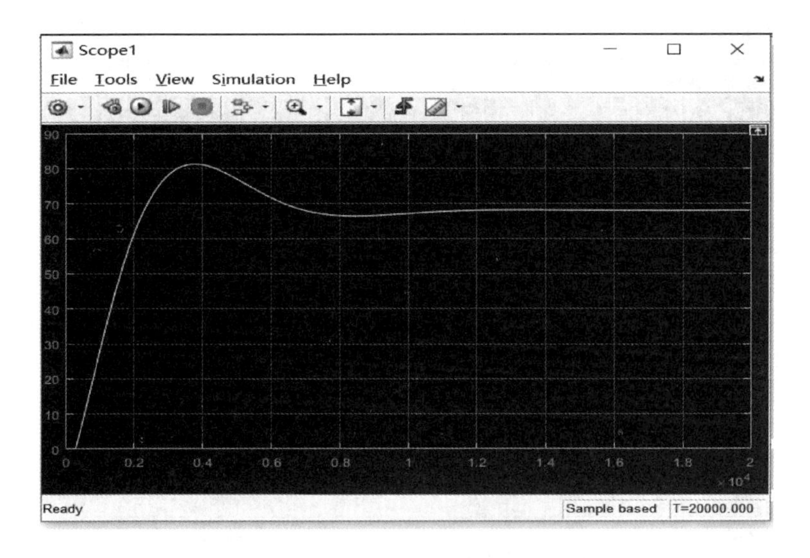

图 5-25　洞库温湿度 PID 控制器湿度控制曲线

5.3.6　洞库温湿度系统模糊控制仿真

针对洞库温湿度 PID 控制器的不足，设计洞库温湿度模糊控制器，其模型如图 5-26 所示，它的上半部分为温度控制回路，中间连接部分为温度对湿度的耦合补偿，下半部分为湿度控制回路。仿真结果如图 5-27、图 5-28 所示，其中图 5-27 为洞库温湿度模糊控制器湿度控制曲线，图 5-28 为洞库温湿度模糊控制器温度控制曲线。通过曲线可以看出洞库温湿度模糊控制器超调量明显减小，但是不足之处是响应时间过长。

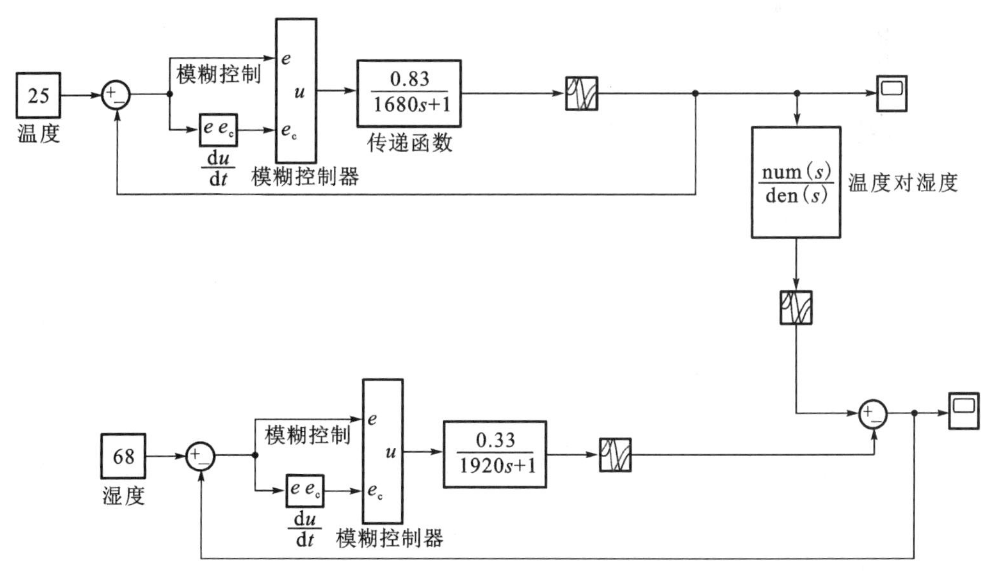

图 5-26　洞库温湿度模糊控制器模型

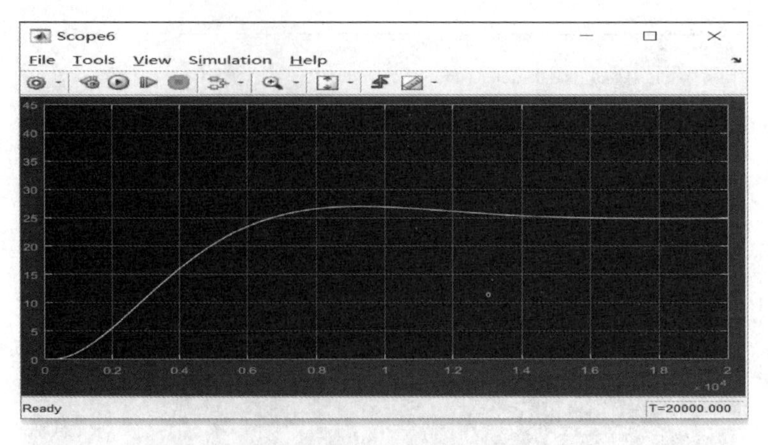

图 5-27　洞库温湿度模糊控制器温度控制曲线

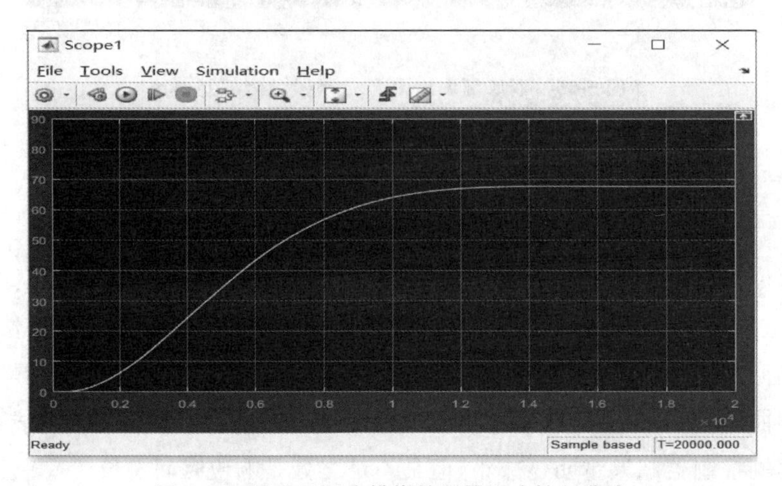

图 5-28　洞库温湿度模糊控制器湿度控制曲线

5.3.7　洞库温湿度系统模糊 PID 控制仿真

针对洞库温湿度 PID 控制器、洞库温湿度模糊控制器的不足，设计洞库温湿度模糊 PID 控制器，其模型如图 5-27 所示，它的上半部分为温度控制回路，下半部分为湿度控制回路，中间为耦合补偿回路。仿真结果如图 5-30、图 5-31 所示，其中图 5-30 为洞库温湿度模糊 PID 控制器温度控制曲线，图 5-31 为洞库温湿度模糊 PID 控制器湿度控制曲线。通过曲线我们可以看出，洞库温湿度模糊 PID 控制器上升时间约为 0.2 个时间单位，超调量几乎为 0，在 0.4 个时间单位达到稳定。湿度模糊 PID 控制器上升时间为 0.8 个时间单位，超调量几乎为 0，在 0.4 个时间单位达到稳定。与洞库温湿度 PID 控制器和洞库温湿度模糊控制器相比，洞库温湿度模糊 PID 控制器的超调量较小，上升时间小，实现了对洞库温湿度有效的控制。

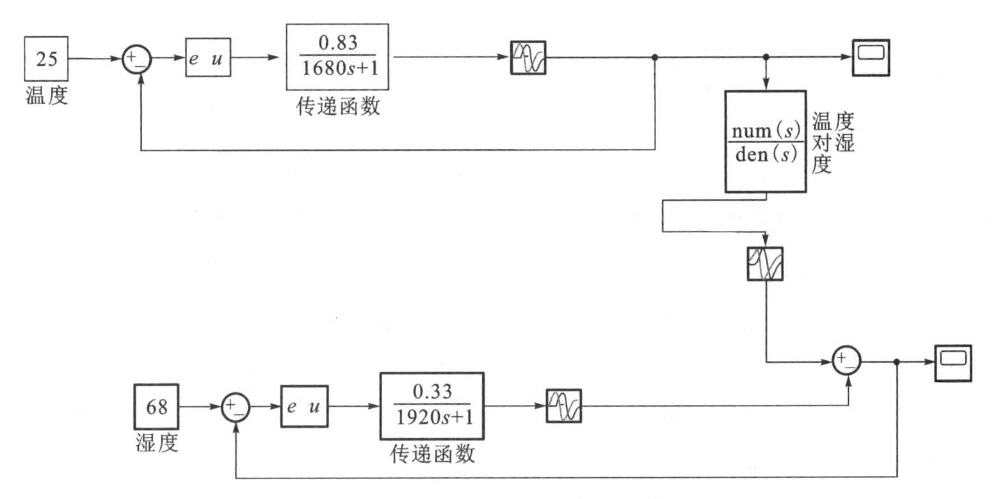

图 5-29　洞库温湿度 PID 控制器模型

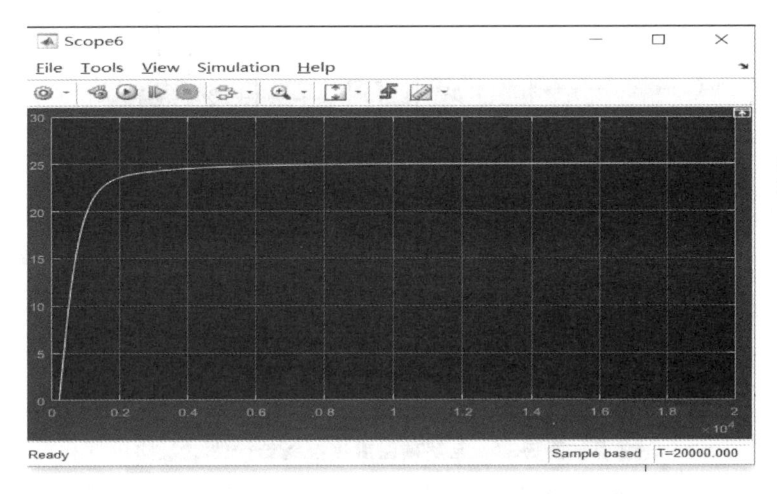

图 5-30　洞库温湿度模糊 PID 控制器温度控制曲线

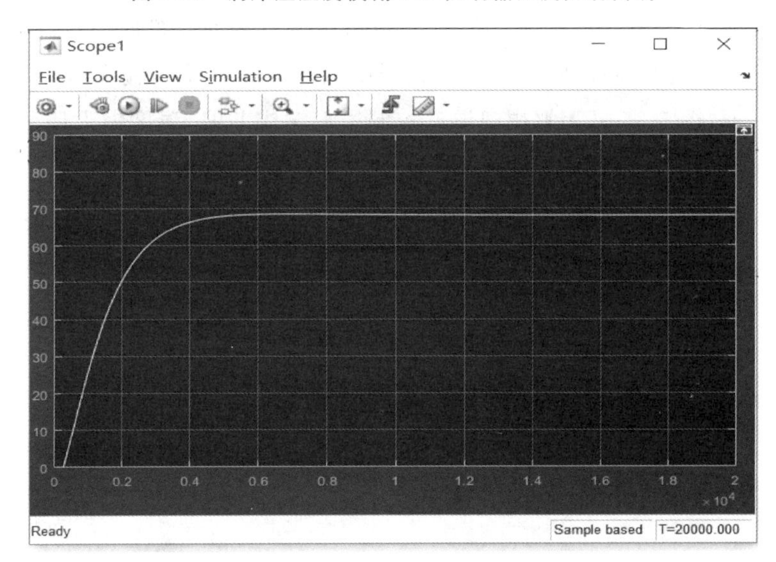

图 5-31　洞库温湿度模糊 PID 控制器湿度控制曲线

5.3.8 温湿度解耦效果分析

为探究解耦补偿对洞库温湿度控制效果的影响,设计三种温湿度控制器分别对无解耦、静态解耦、静态模糊解耦三种情况进行仿真分析。其中,图 5-32 为无解耦温湿度控制结构图,图 5-36 为静态解耦温湿度控制结构图,图 5-39 为静态模糊解耦温湿度控制结构图。

1. 无解耦补偿情况下温湿度模糊 PID 控制响应曲线

在图 5-32 所示的无解耦温湿度控制结构图中,上半部分为温度控制回路,下半部分为湿度控制回路,在考虑耦合时温度变化对湿度作用小,湿度变化对温度变化作用小的原因,所以在设计模型时只考虑温度对湿度的作用。

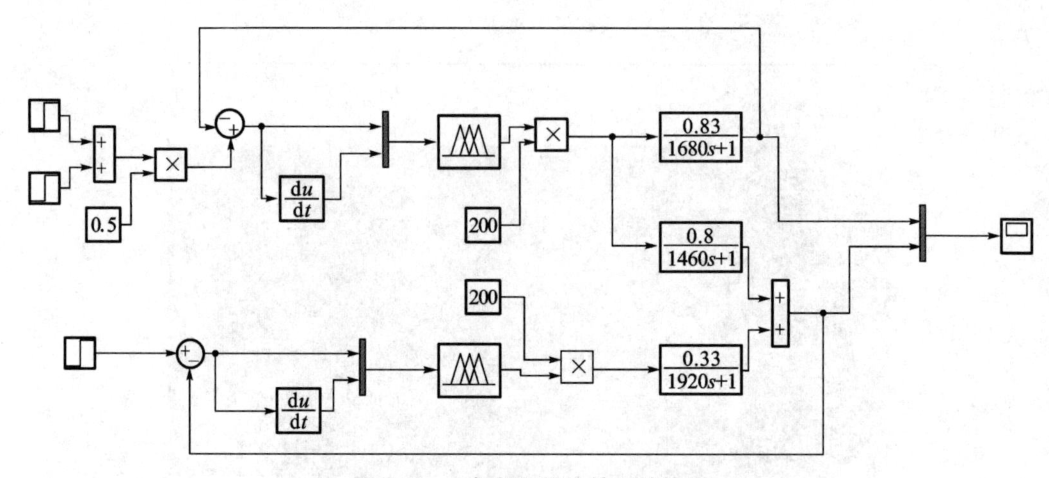

图 5-32 无解耦温湿度控制结构图

图 5-33 是在不进行解耦情况下温湿度的响应曲线,其中用细线表示温度曲线,用粗线表示湿度曲线,此时温湿度的阶跃都为 1,可看出两者的曲线趋向稳定;图 5-34 是无任何解耦的温湿度控制响应曲线,温度输入信号阶跃调整为 3,湿度输入信号阶跃为 1 的情况下的输出波形;图 5-35 是无解耦温湿度控制模型响应曲线,温度输入信号阶跃为 3,湿度输入信号阶跃为 5。

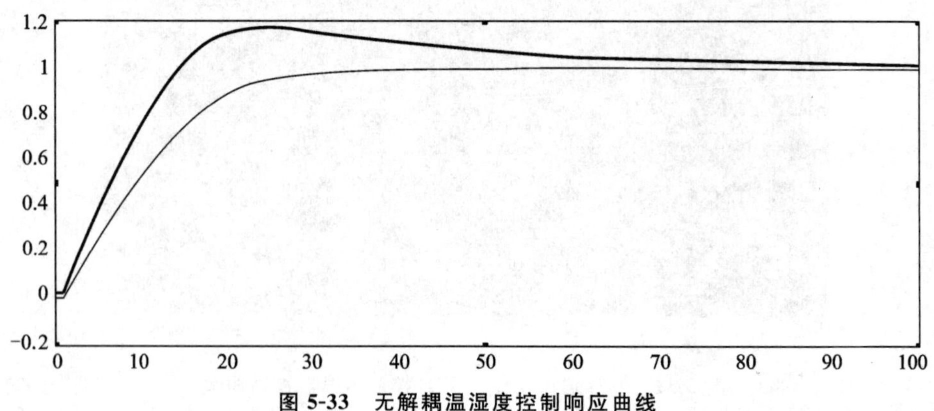

图 5-33 无解耦温湿度控制响应曲线

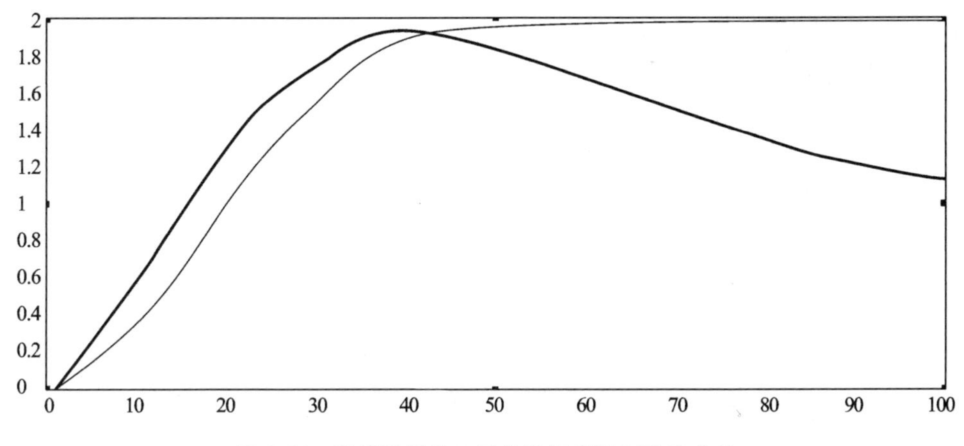

图 5-34　温度阶跃为 3 时的温湿度控制响应曲线

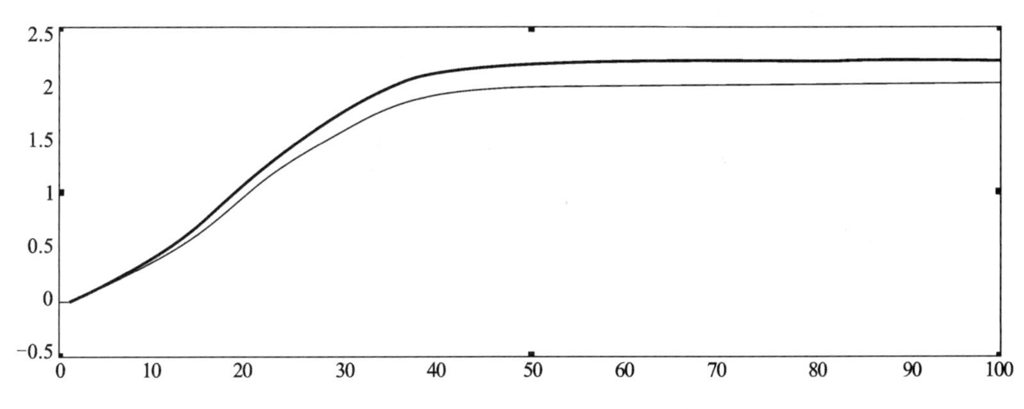

图 5-35　湿度阶跃为 5 时的温湿度控制响应曲线

对比图 5-33 与图 5-34 我们可以发现，温度信号改变时会对湿度信号产生较大的影响。对比图 5-34 与图 5-35 我们可以发现，湿度变化对温度基本上不受影响。由此我们可以得出在洞库温湿度控制中，温度变化会作用于湿度导致湿度产生较大变化，因此在实现对洞库温湿度控制时必须考虑解耦。

2. 基于静态解耦策略的温湿度模糊 PID 控制响应曲线

在洞库温湿度控制器解耦策略中选择静态解耦，其中表示温度输入量作用于湿度输出量的耦合系数取值为 0. 83，湿度输入量作用于湿度输出量的湿度耦合系数取值为 0. 33。在洞库温湿度控制模型中，静态解耦具有易于实现的特点，在实际控制中能否取得良好的控制效果有待验证。图 5-36 为静态解耦的温湿度控制结构图。

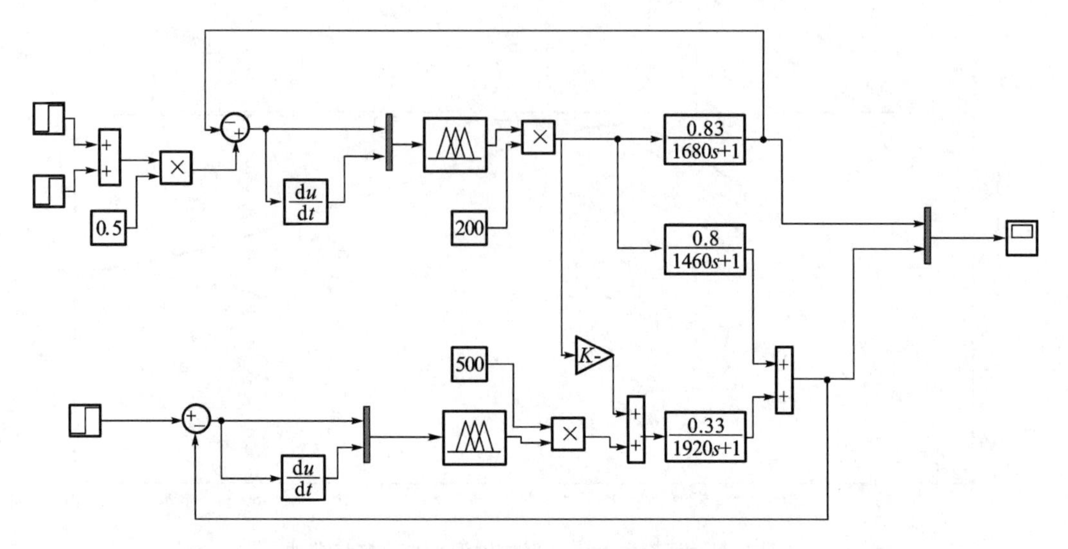

图 5-36 静态解耦的温湿度控制结构图

温湿度控制响应曲线图 5-37 和图 5-38 分别表示不同温度阶跃的静态解耦的温湿度控制响应曲线，其中粗线表示湿度响应曲线，细线表示温度响应曲线。图 5-37 是温湿度输入信号阶跃均为 1 时的响应曲线，图 5-38 是基于静态解耦模型情况下，将温度输入信号阶跃改为 3 时的温湿度响应曲线。通过对两组曲线进行分析发现，静态解耦在洞库温湿度控制中并未取得良好的控制，在将温度输入信号阶跃调整为 3 时湿度响应曲线出现扰动后才趋于稳定，因此，洞库温湿度控制模型解耦方法需要进一步完善。

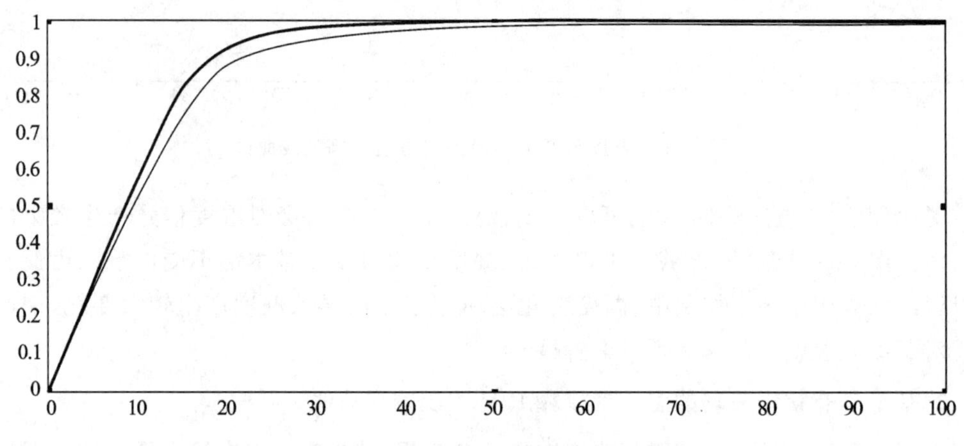

图 5-37 温度阶跃为 1 时的温湿度控制响应曲线

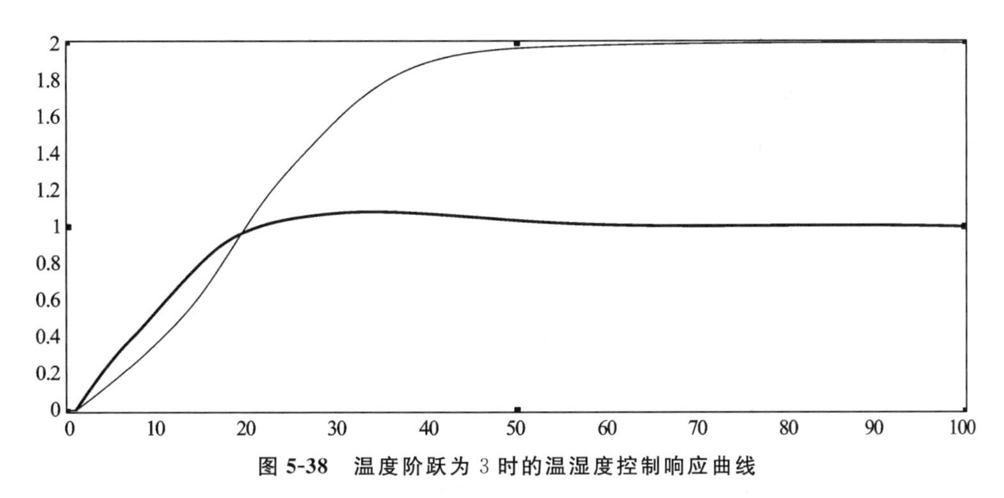

图 5-38　温度阶跃为 3 时的温湿度控制响应曲线

3. 模糊静态解耦的温湿度模糊 PID 控制响应曲线

在静态解耦无法满足洞库温湿度解耦时考虑将模糊控制引入，确立采取模糊控制加静态解耦的方法来对温湿度进行解耦，具体的模糊静态解耦温湿度控制结构如图 5-39 所示，其响应曲线如图 5-40 所示。

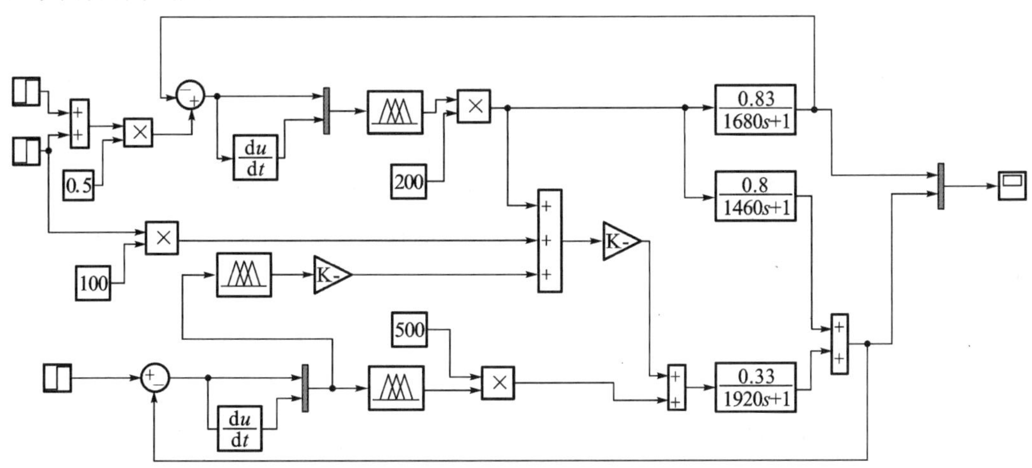

图 5-39　模糊静态解耦的温湿度控制结构图

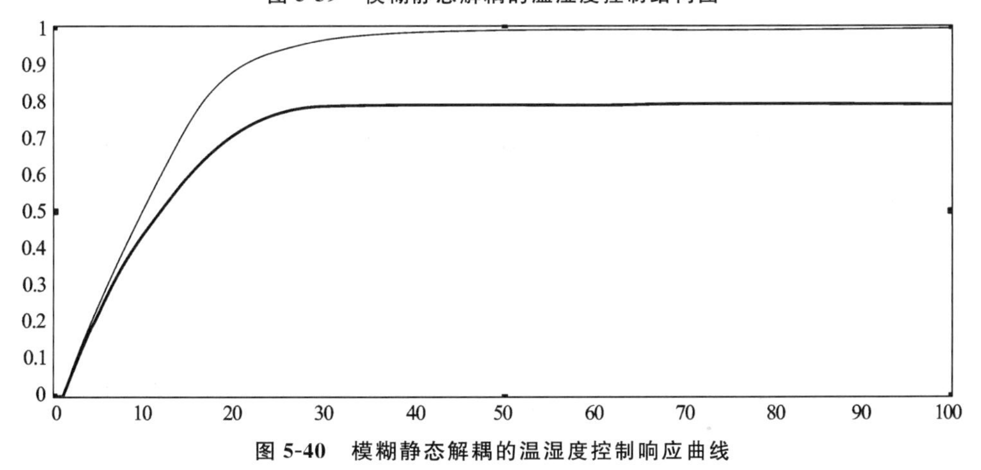

图 5-40　模糊静态解耦的温湿度控制响应曲线

通过曲线对比发现，通过模糊静态解耦的方法可以实现对洞库温湿度进行有效解耦，当温度发生扰动时，湿度产生相应的扰动，但是能够快速恢复，经过验证表明，模糊静态解耦效果能够满足洞库温湿度控制解耦标准。

5.4　舵鳍联合减摇系统模糊 PID 控制

5.4.1　舵鳍联合减摇系统的控制策略分析

舵鳍联合减摇是近些年发展起来的一种新型减摇方法，利用操舵与横摇之间的耦合关系，实现自动舵在保持航向的同时起到辅助舵鳍减摇的作用，提高综合减摇效果。显然，舵鳍联合减摇的效果主要取决于舵鳍联合控制器的控制效果。

由于船舶在海上航行，受船舶自身结构、装载货物重量、航行速度及风浪流干扰等的影响，其工作环境异常复杂，是一种典型的复杂非线性、不确定性系统，很难建立其数学模型，即使能建立也会随海况的不同而变化，这就使得基于模型的控制设计受到很大制约。因此，考虑到实际系统的建模困难问题，控制器的设计应尽量选择不依赖于数学模型的设计方法。

PID 控制方法最为简单，设计完全不依赖于模型，可以避免建立船舶运动数学模型这一难题，是目前为止工程界应用最多、最广的控制算法。其缺点就是不具备自适应性，且未考虑控制的优化，难以适应多种工况下的控制问题，在复杂海况下难以保证控制效果。

模糊控制同样不依赖于数学模型，因其主要模拟人工控制经验实施控制，控制效果好，能适应多种海况，具有较强的鲁棒性，但其控制设计过于依赖于人工经验，主观因素较大，且对于复杂控制系统的控制规则的提取存在困难。特别是当控制变量比较多时，模糊控制器的维数也相应比较高，控制规则数急剧增加且难以提取。舵鳍联合减摇系统的控制正是属于这种情况。

综上所述，考虑到设计简单、易于实现的问题，显然 PID 控制是最佳选择，但传统 PID 控制又存在工作范围窄、无自适应功能，难以适应多种海况的弱点；模糊控制能适用多种海况，但针对多变量的舵鳍联合系统又难以提取有效的控制规则，因此，可考虑采用利用模糊推理在线整定参数的模糊 PID 控制算法。首先，基于模糊推理整定 PID 参数的方法已有大量成熟可靠的应用案例，其次，该方法既吸收了PID控制和模糊控制的优点，又避免了难以直接针对舵鳍联合减摇系统提取模糊控制规则的问题，易于设计和实现。

5.4.2 舵鳍联合减摇系统控制方案

舵鳍联合减摇系统是一个多输入多输出系统，若采用集成型控制器设计思路对非线性模型进行控制，其控制器的设计过程异常复杂，因此可考虑采用英国学者 Roberts 和 Braham 提出来的分离型舵鳍联合减摇系统控制方案，即将控制器分三个部分进行设计，它们分别为鳍减摇控制器、舵减摇控制器和航向保持控制器。该控制方案的可行性已得到了试验验证。分离型舵鳍联合减摇系统的控制原理如图 5-41 所示。

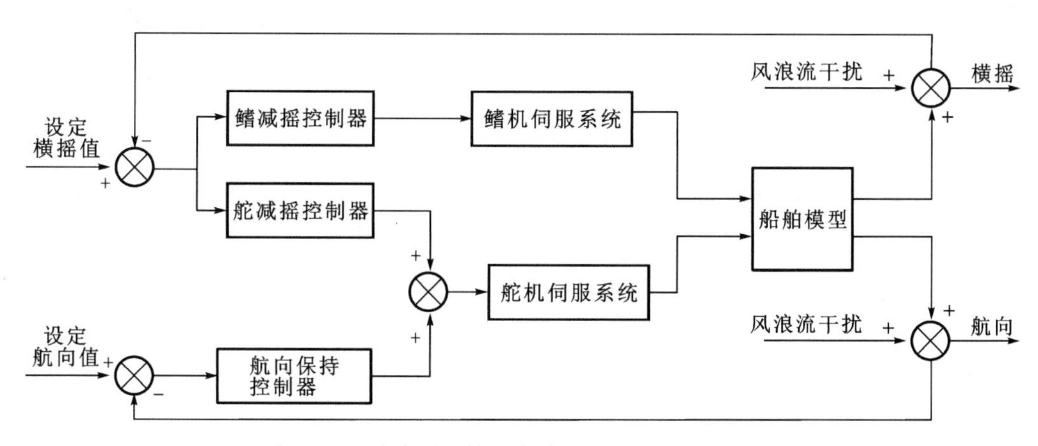

图 5-41 分离型舵鳍联合减摇系统控制原理框图

5.4.3 模糊 PID 控制器设计

1. 论域划分、隶属函数的选择及因子确定

由图 5-41 可知，采用自适应 Fuzzy-PID 控制，须分别针对鳍减摇、航向保持和舵减摇三个通道进行控制器设计。

1）鳍减摇通道

（1）判断输入输出变量的个数，确定模糊控制的结构。

鳍减摇通道的模糊控制器输入量为横摇角 φ 和横摇角速度 $\dot{\varphi}$，输出量为 PID 参数 K_{p1}、K_{i1} 和 K_{d1}，选取初始值分别为 $K_{p1}=0.1$、$K_{i1}=0$、$K_{d1}=10$。这样，控制器设计的实质就是一个双输入三输出的二维模糊控制器设计问题，其结构如图 5-42 所示。

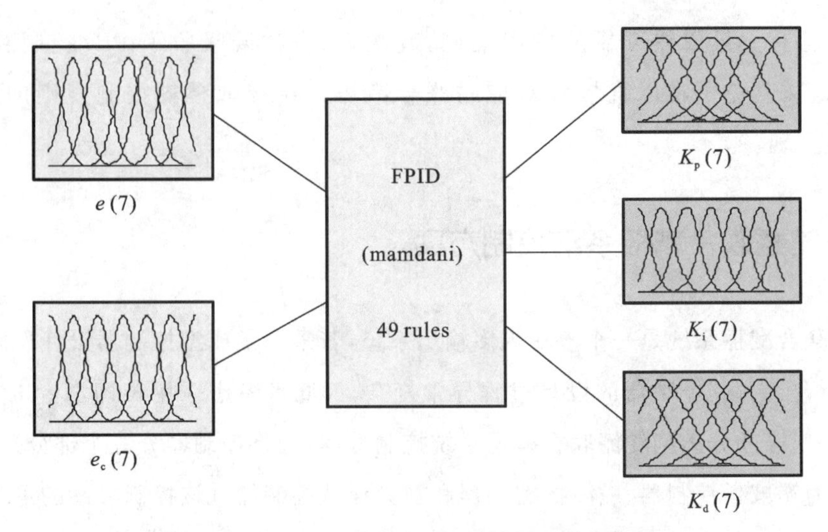

图 5-42 自适应 Fuzzy-PID 模糊控制器结构图

(2)选择模糊语言变量中的语言值个数,计算变量论域及比例因子、量化因子。

横摇角 φ:论域取[$-\pi/9,\pi/9$],模糊子集取{NB,NM,NS,ZO,PS,PM,PB},量化因子 $k_{\varphi}=4$。

横摇角速度 $\dot{\varphi}$:论域取[$-\pi/18,\pi/18$],模糊子集取{NB,NM,NS,ZO,PS,PM,PB},量化因子 $k_{\dot{\varphi}}=1$。

比例系数 K_{p1}:论域取[$-0.3,0.3$],模糊子集取{NB,NM,NS,ZO,PS,PM,PB},比例因子 $k_{11}=1$。

积分系数 K_{i1}:论域取[$-0.06,0.06$],模糊子集取{NB,NM,NS,ZO,PS,PM,PB},比例因子 $k_{12}=20$。

微分系数 K_{d1}:论域取[$-0.2,0.2$],模糊子集取{NB,NM,NS,ZO,PS,PM,PB},比例因子 $k_{13}=1$。

为简单计,这里我们对各变量都选用了相同的模糊子集。在实际应用时,可根据控制效果对其进一步细化,或对不同变量采用不同的子集。

(3)确定输入变量模糊化隶属函数表示形式及输出变量清晰化的方法。

确定输入变量模糊化隶属函数表示形式实际上就是定义模糊子集。本节采用高斯型隶属函数分布,如图 5-43 所示;输出变量清晰化方法采用加权平均法。

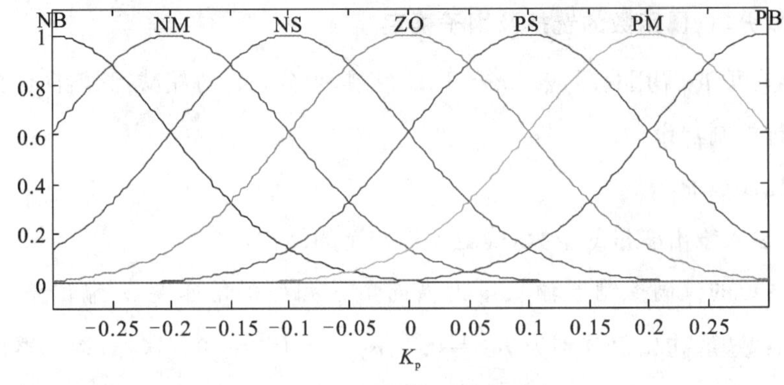

图 5-43 高斯型隶属函数分布

2)航向保持通道

航向保持通道的模糊控制器输入量为航向角偏差 $\Delta\psi$ 及其相应的偏差变化率 $\Delta\dot{\psi}$,输出量则同样为 PID 参数 K_{p2}、K_{i2} 和 K_{d2},且初始值分别为 0.3、0、0.2,模糊子集均取{NB,NM,NS,ZO,PS,PM,PB}。航向角偏差论域取[$-\pi/36$,$\pi/36$],量化因子 $k_{\psi}=1$;偏差变化率论域取[$-\pi/90$,$\pi/90$],量化因子 $k_{\dot{\psi}}=1$;输出参数的论域选取与鳍减摇通道的相同,比例因子分别为 $k_{21}=0.05$,$k_{22}=0.001$,$k_{23}=0.05$。

3)舵减摇通道

舵减摇通道的模糊控制器输入量与航向保持通道的相同,输出量同样为 PID 参数 K_{p3}、K_{i3} 和 K_{d3},初始值分别为 0.05、0、10,模糊子集也均取{NB,NM,NS,ZO,PS,PM,PB}。航向角偏差论域取[$-\pi/9$,$\pi/9$],量化因子 $k_{\psi}=1$;偏差变化率论域取[$-\pi/18$,$\pi/18$],量化因子 $k_{\dot{\psi}}=1$;输出 K_{p3} 论域为[-0.5,0.5],$k_{31}=1$;K_{i3} 论域为[-0.06,0.06],$k_{32}=1$;K_{d3} 论域为[-10,10],$k_{33}=-3$。

2. 模糊规则的确定

参数整定规则是模糊 PID 控制器的核心,但由于船体的特殊性,我们难以在实船操作中获取横摇、航向、舵机和鳍机的输入输出实时数据。本节的模糊规则来源于对已有文献及对控制领域专家在 PID 控制理论方面的知识进行总结与整合而获取。可将 PID 参数的调节依据总结为如下三点:

(1)当偏差 e 较大时,K_p 应取大,K_i 取零,有助于加快系统响应速度并消除误差;当偏差 e 较小时,K_p 取值减小,K_i 取较小值,以便继续减小偏差,并防止系统产生较大的超调;当偏差 e 非常小时,相应地,K_p 取非常小的值,K_i 取值增大,有助于消除静差,使系统趋于稳定。

(2)偏差变化率 e_c 的大小代表着偏差 e 变化的快慢。一般来说,e_c 越大,K_p 值应取得越小,K_i 值取得越大,反之亦然。但是参数的取值往往需要将偏差与偏差变化率的大小和方向同时进行考虑。当偏差 e 与偏差变化率 e_c 同号时,对象的实际输出是朝偏离期望输出的方向变化即偏差逐渐加大的趋势;当偏差 e 较大且与偏差变化率 e_c 异号时,K_p 应取值为零或负值,这样有助于加快系统动态响应过程。

(3)微分系数 K_d 往往与 K_p、K_i 配合使用,对系统的动态特性产生影响。其作用主要是对偏差变化进行实时监控,在偏差 e 变大之前,可以提前给出制动信号。在系统响应初期,取相对较大的 K_d 有利于减小甚至避免超调;在系统响应中期,由于此时实际输出与期望输出之间的偏差在平衡值上下不停波动,K_d 取值的变化将使系统变得敏感,此时 K_d 取较小值;在系统响应后期,K_d 取值应尽量小,以便减弱响应后期的制动作用,缩短调节时间。

由上述分析可得到参数整定规则表 5-8～表 5-10。根据模糊控制规则表,可以对 K_p、K_i、K_d 三个参数进行在线调整:

$$K_p = K_p' + \Delta K_p$$
$$K_i = K_i' + \Delta K_i$$
$$K_d = K_d' + \Delta K_d$$

表 5-8　ΔK_p 整定的模糊规则

输入偏差的变化率 e_c	输入偏差 e						
	NB	NM	NS	ZO	PS	PM	PB
NB	PB	PB	PM	PM	PS	PS	ZO
NM	PB	PM	PM	PS	PS	ZO	NS
NS	PM	PM	PS	PS	ZO	NS	NS
ZO	PM	PS	PS	ZO	NS	NS	NM
PS	PS	PS	ZO	NS	NS	NM	NM
PM	PS	ZO	NS	NS	NM	NM	NB
PB	ZO	NS	NS	NM	NM	NB	NB

表 5-9　ΔK_i 整定的模糊规则

输入偏差的变化率 e_c	输入偏差 e						
	NB	NM	NS	ZO	PS	PM	PB
NB	NB	NB	NM	NM	NS	NS	ZO
NM	NB	NM	NM	NS	NS	ZO	NS
NS	NB	NM	NS	NS	ZO	PS	PS
ZO	NM	NS	ZO	ZO	ZO	PM	PM
PS	NS	NS	ZO	PS	PS	PM	PB
PM	ZO	ZO	PS	PM	PM	PB	PB
PB	ZO	ZO	PS	PS	PM	PB	PB

表 5-10　ΔK_d 整定的模糊规则

输入偏差的变化率 e_c	输入偏差 e						
	NB	NM	NS	ZO	PS	PM	PB
NB	PS	PS	ZO	ZO	ZO	PB	PB
NM	NS	NS	NS	NS	ZO	NS	PM
NS	NB	NB	NM	NS	ZO	PS	PM
ZO	NB	NM	NM	NS	ZO	PS	PM
PS	NB	NM	NS	NS	ZO	PS	PS
PM	NM	NS	NS	NS	ZO	PS	PS
PB	PS	ZO	ZO	ZO	ZO	PB	PB

5.4.4 仿真分析

自适应 Fuzzy-PID 控制器的设计不需被控对象数学模型，但为了保证设计效果，降低开发成本，一般都需要预先通过计算机仿真手段对控制系统进行验证，因此在建立仿真平台的过程中，选取一个合适的数学模型则是必需的。下面我们选取哈尔滨工程大学教学试验船“育鲲”轮为研究对象，其数学模型为

$$\begin{cases} \dot{x}_1 = -0.0833x_1 - 1.6355x_3 - 0.0215x_1|x_1| - 0.6048x_1|x_3| + 0.1874u_1 - 0.2121u_2 \\ \dot{x}_2 = -0.0763x_2 - 0.3588x_4 + 0.7363x_4^3 - 0.0774u_1 - 0.0182u_2 \\ \dot{x}_3 = -0.0028x_1 - 0.2706x_3 - 0.3091x_1x_3^2 - 0.0014u_1 + 0.0166u_2 \\ \dot{x}_4 = x_2 \\ \dot{x}_5 = x_3\cos x_4 \\ y_1 = x_4 \\ y_2 = x_5 \end{cases} \tag{5-12}$$

上式中，各状态变量 $x_1=v$（横荡），$x_2=p$（横摇角速度），$x_3=r$（航向角速度），$x_4=\varphi$（横摇角），$x_5=\psi$（航向角），$u_1=\alpha$（鳍角），$u_2=\delta$（舵角），$y_1=\varphi$（横摇角输出），$y_2=\psi$（航向角输出）。

运用 MATLAB/Simulink 工具箱，搭建舵鳍联合减摇自适应 Fuzzy-PID 控制仿真平台，其结构图如图 5-44 所示，其中鳍减摇通道的自适应 Fuzzy-PID 结构框图如图 5-45 所示。

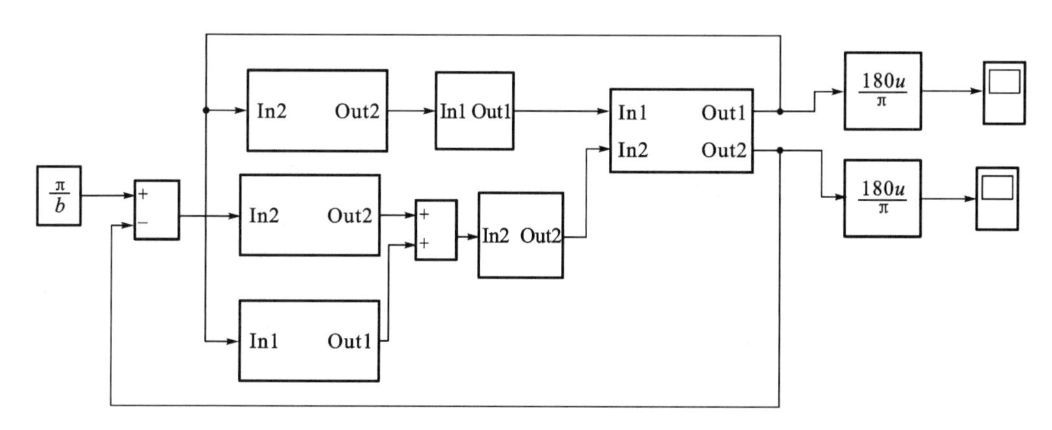

图 5-44　舵鳍联合减摇自适应 Fuzzy-PID 控制仿真结构图

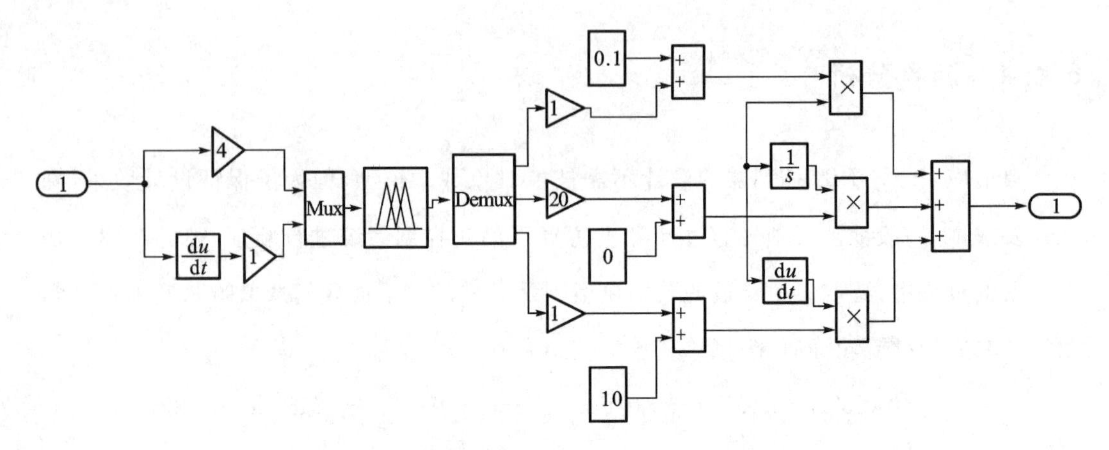

图 5-45　鳍减摇通道自适应 Fuzzy-PID 结构框图

设定航向角为 30°，船速为 15 节，遭遇角为 45°，采用能量等分法对海浪干扰进行模拟，在不同海况干扰下，分别运用 PID 控制和自适应 Fuzzy-PID 控制对船舶进行仿真对比研究。7 级海况下的仿真结果如图 5-46 所示。

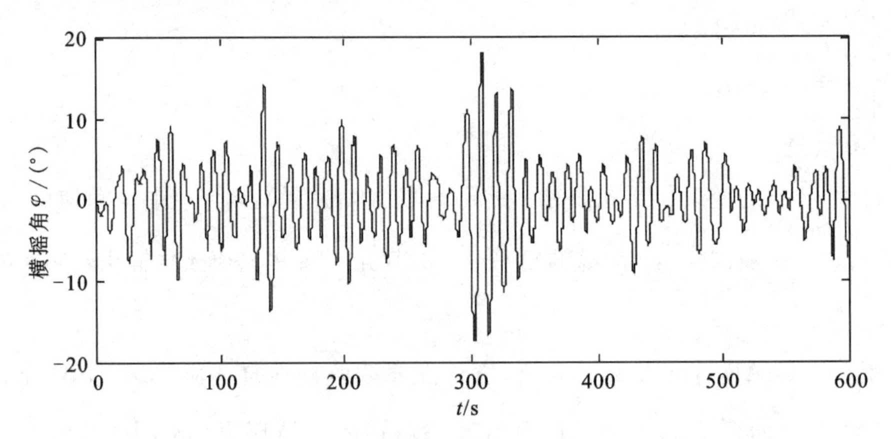

(a)无减摇控制器时的横摇角

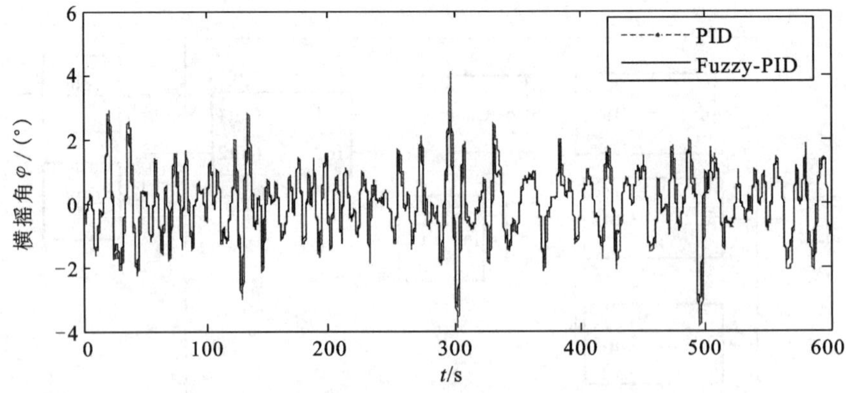

(b)分别采用PID和Fuzzy-PID控制时的横摇角

图 5-46　7 级海况下仿真结果

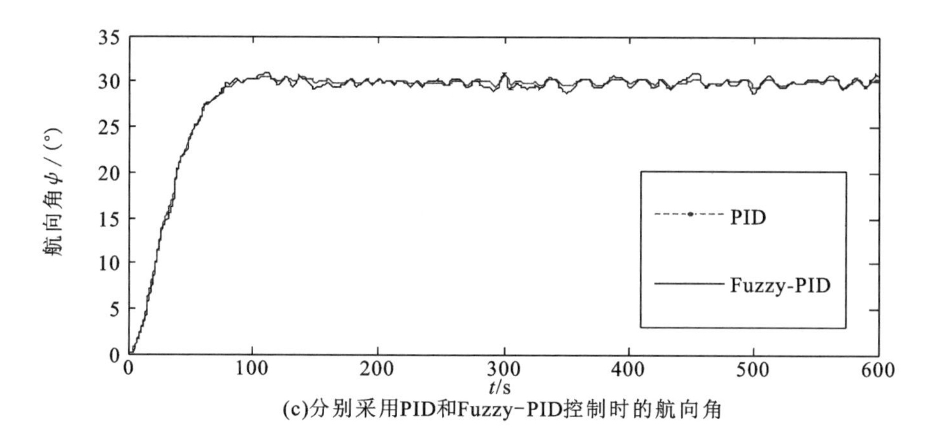

(c)分别采用PID和Fuzzy-PID控制时的航向角

续图 5-46

由图 5-46 可知,设定 7 级海况环境干扰,无控制器时船舶最大横摇角为 5.8°,PID 控制最大横摇角为 1.2°,自适应 Fuzzy-PID 控制最大横摇角为 1°。定义减摇率为

$$减摇率=\frac{\varphi_1-\varphi_2}{\varphi_1}$$

式中,φ_1 为减摇前横摇角,φ_2 为减摇后横摇角。计算得 PID 控制的减摇率为 79.3%,而自适应 Fuzzy-PID 的减摇率为 85.8%,相比 PID 控制提高了 6.5%。

将海况等级设定为 8 级,此时仿真结果如图 5-47 所示。

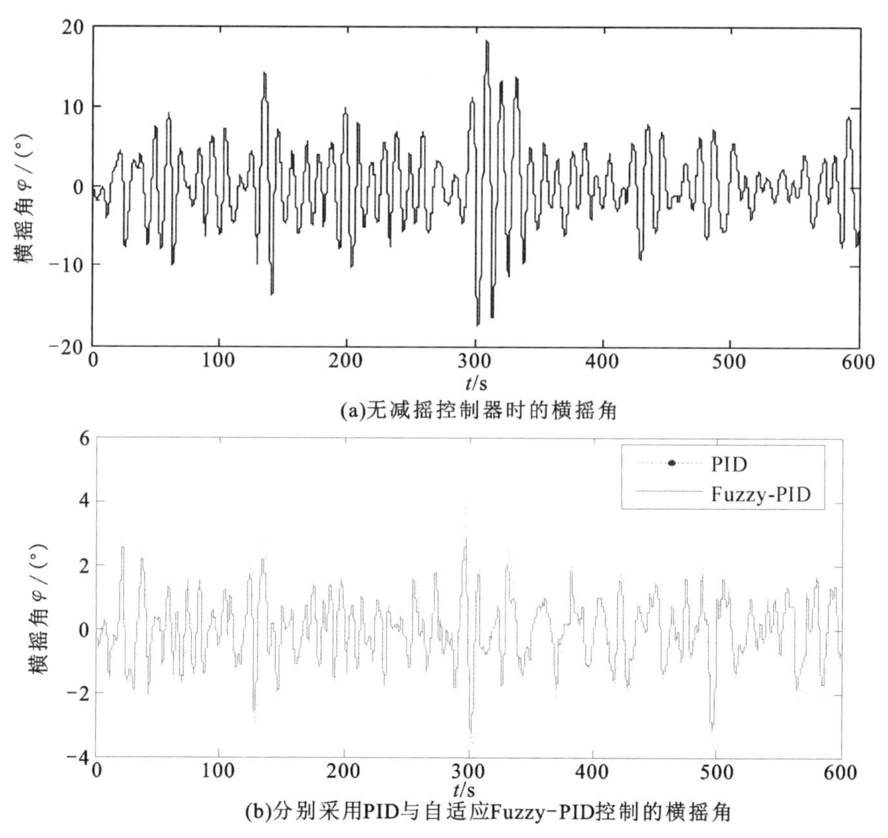

(a)无减摇控制器时的横摇角

(b)分别采用PID与自适应Fuzzy-PID控制的横摇角

图 5-47　8 级海况下的仿真图

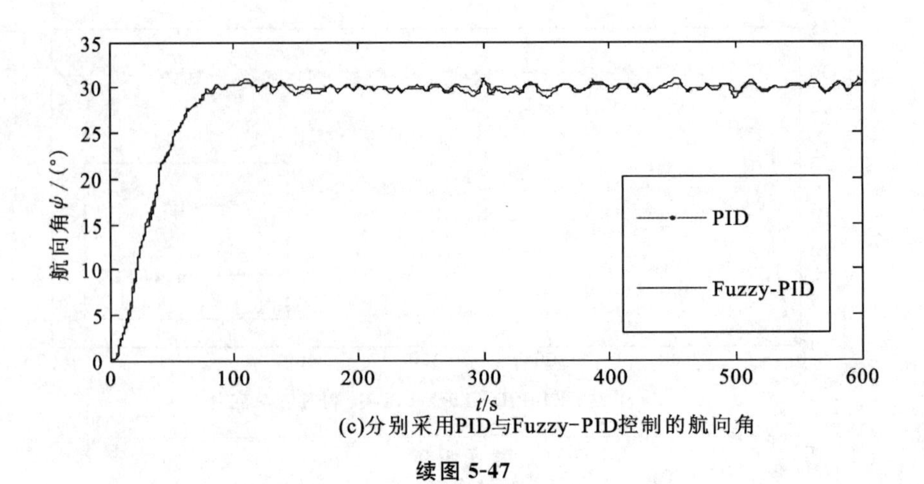

(c)分别采用PID与Fuzzy-PID控制的航向角

续图 5-47

由图 5-47 可知，在 8 级海况环境干扰和 20%的模型参数摄动下，无控制器时船舶的最大横摇角为 19°，PID 控制下的最大横摇角为 5.8°，减摇率降为 76%，而自适应 Fuzzy-PID 控制下的最大横摇角为 3°，减摇率仍保持为 85.2%，相比 PID 控制提高了 9.2%，体现出极强的鲁棒性。

第6章

神经网络控制应用

6.1 基于神经网络的船舶航向控制器设计

6.1.1 神经网络自适应 PID 算法

单神经元是构成神经网络的基本单位，结构简单，便于控制，而且具有学习和自适应能力；PID 调节器的结构简单，但系统自身特性不稳定或使用环境发生变化时，其控制效果不理想。将两者结合，参数能够实现自动调整，能解决传统 PID 调节器实时整定参数难、对参数时变系统控制较弱的缺点。

单神经元自适应 PID 的结构图如图 6-1 所示。

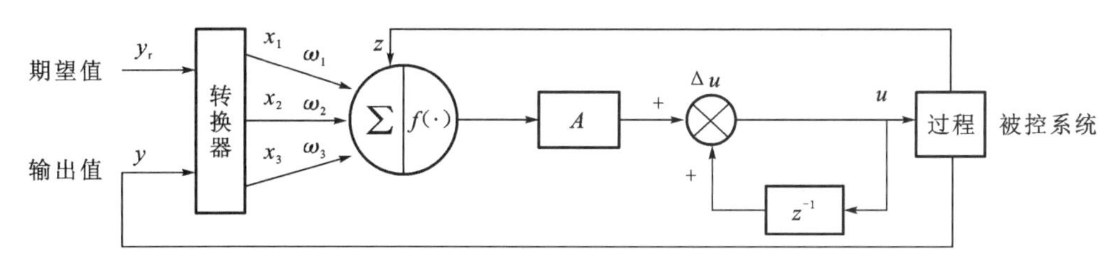

图 6-1　单神经元自适应 PID 结构图

经转换器后转换成神经元的输入量 x_1、x_2、x_3 分别为

$$\begin{cases} x_1 = e(k) \\ x_2 = \Delta e(k) = e(k) - e(k-1) \\ x_3 = \Delta^2 e(k) = e(k) - 2e(k-1) + e(k-2) \end{cases} \tag{6-1}$$

而 $$z(k)=y_r(k)-y(k)=e(k)$$

设 $\omega_i(k)(i=1,2,3)$ 为输入 $x_i(k)(i=1,2,3)$ 的加权系数，$A(A>0)$ 为神经元比例系数。单神经元的自适应 PID 的控制算法为

$$\Delta u(k) = A \sum_{i=1}^{3} \omega_i(k)x_i(k) \tag{6-2}$$

加权系数 $\omega_i(k)$ 正比于递进信号，$r_i(k)$ 随时间而缓慢衰减。加权系数学习规则如下：

$$\omega_i(k+1)=(1-b)\omega_i(k)+\lambda r_i(k) \tag{6-3}$$

$$r_i(k)=z(k)u(k)x_i(k) \tag{6-4}$$

式中，λ 为学习速率，$\lambda>0$；b 为常数，$b>0$；$z(k)$ 表示输出误差信号，即

$$z(k)=y_r(k)-y(k) \tag{6-5}$$

因此，可得

$$\Delta\omega_i(k)=-b\left[\omega_i(k)-\frac{\lambda}{b}z(k)u(k)x_i(k)\right]=\omega_i(k+1)-\omega_i(k) \tag{6-6}$$

若有一个函数 $f_i[\omega_i(k),z(k),u(k),x_i(k)]$，则有

$$\frac{\partial f_i}{\partial \omega_i}=\omega_i(k)-\frac{\lambda}{b}r_i(z(k),u(k),x_i(k)) \tag{6-7}$$

$$\Delta\omega_i(k)=-b\frac{\partial f_i(\cdot)}{\partial \omega_i(k)} \tag{6-8}$$

由上式可知，加权系数 $\omega_i(k)$ 的调整按函数 $f_i(\cdot)$ 对应于 $\omega_i(k)$ 的负梯度方向进行搜索。可以证明，当 e 充分小时，使用上述算法，$\omega_i(k)$ 可收敛到某一稳定值 ω_i^*，且其期望值的偏差在允许范围内。

对其进行规范化处理，以便使上述算法收敛与稳定，则有

$$\begin{cases} u(k) = u(k-1) + A\sum_{i=1}^{3}\omega_i'(k)x_i(k) \\ \omega_i'(k) = \dfrac{\omega_i(k)}{\sum_{i=1}^{3}|\omega_i(k)|} \\ \omega_1(k+1) = \omega_1(k) + \lambda_i z(k)u(k)x_1(k) \\ \omega_2(k+1) = \omega_2(k) + \lambda_p z(k)u(k)x_2(k) \\ \omega_3(k+1) = \omega_3(k) + \lambda_d z(k)u(k)x_3(k) \end{cases} \tag{6-9}$$

其中，λ_p、λ_i、λ_d 为比例、积分、微分的学习速率。

根据以上的叙述可知，可调参数 A，λ_p、λ_i、λ_d 的选取影响单神经元自适应 PID 的控制效果，其选取规则如下：

（1）输入为阶跃，若运行结果出现较大的超调量，且多次出现正弦衰减的现象，应该维持 λ_p、λ_i、λ_d 不变，减小 A。若上升时间长且无超调量，应维持 λ_p、λ_i、λ_d 不变，增大 A。

(2)输入为阶跃，当运行的结果中正弦出现衰减，则减小 λ_p。

(3)若上升时间短、超调量大，应减小 λ_i。

(4)若上升时间长，增大 λ_i 又导致超调量过大，可增加 λ_p。

(5)刚开始时，λ_d 应较小，调整 λ_p、λ_i 和 A，当被控对象有良好特性时，再逐渐增大 λ_d，使系统的输出呈现大致无纹波状态。

(6)A 是系统最敏感的参数。A 的变化，相当于比例、积分、微分三项同时变化，应首先调整 A，然后根据规则(2)到(5)项调整 λ_p、λ_i、λ_d。

6.1.2　传统 PID 自动舵的仿真实验

这里我们用 MATLAB/Simulink 仿真软件对 PID 自动舵进行仿真实验，采用的仿真船舶的参数如表 6-1 所示。

表 6-1　仿真船舶相关参数

船长 L	126 m
满载排水量	14278.12 m^3
舵叶面积	18.8 m^2
方形系数 C_b	0.681
船宽 B	20.8 m
满载吃水 d	8.0 m
重心距中心距离	0.25 m

(1)船速 $V=7.2$ m/s 时传统 PID 自动舵的仿真。

在船速 $V=7.2$ m/s 时，采用一阶 K-T 方程，取 $\xi=0.8$，$\omega=0.05$，可求得自动舵 PID 型控制器的三个参数为 $K_p=0.4390$，$K_i=0.0022$，$K_d=12.7808$。

通过计算求得 $T'=7.926$，$K'=13.88$，则船舶运动模型的标称参数分别为

$$T=\frac{T'L}{V}=138.705,\quad K=\frac{K'V}{L}=0.7931$$

在仿真软件中建立自动舵 PID 的 Simulink 图，如图 6-2 所示。

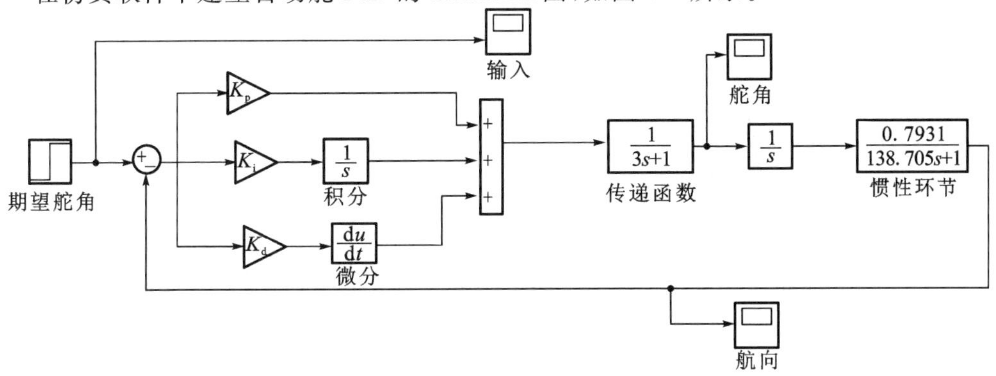

图 6-2　MATLAB 中自动舵 PID 的 Simulink 图

假设 PID 控制的期望航向输入为如图 6-3 所示的阶跃信号，其初始值为 0°，在时间 50 s 处，突变为 40°。图 6-4、图 6-5 为示波器的显示，分别表示在该期望航向作用下的 PID 控制舵角变化和航向变化图。

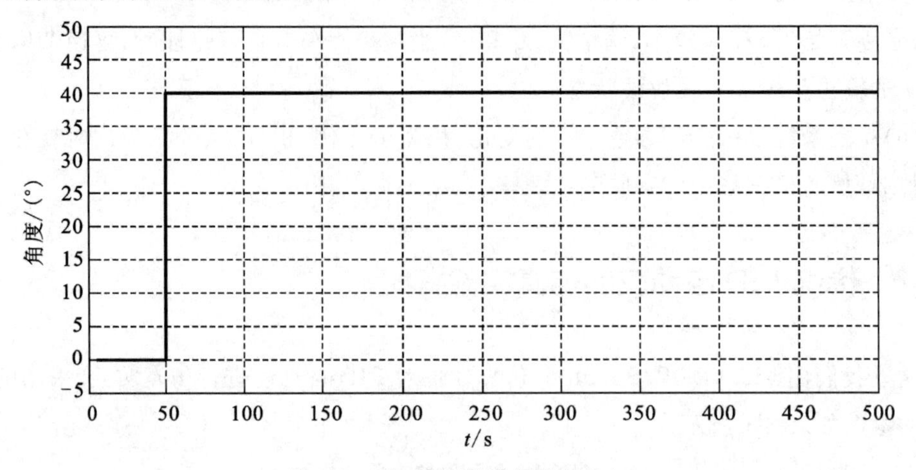

图 6-3　PID 控制的期望航向输入

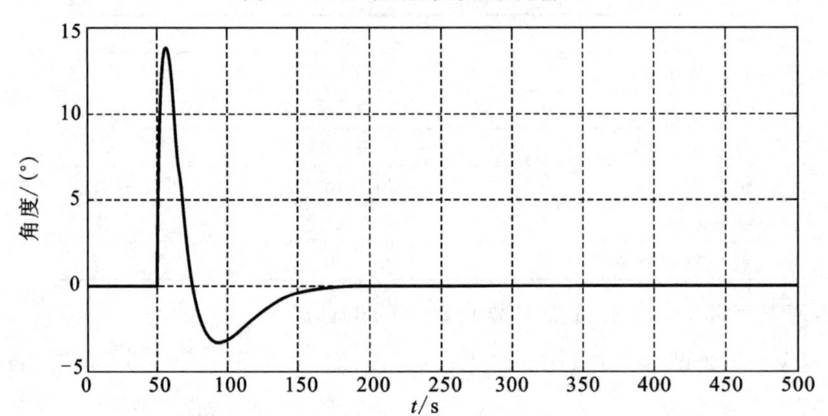

图 6-4　$V=7.2$ m/s 时 PID 控制舵角变化图

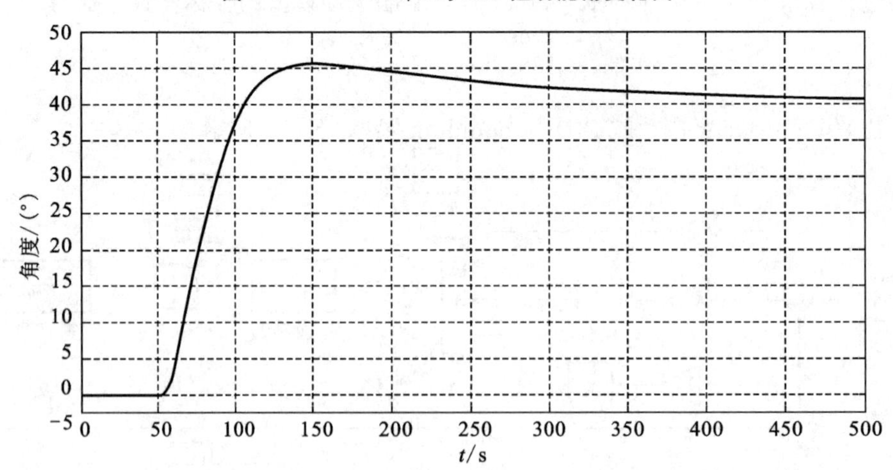

图 6-5　$V=7.2$ m/s 时 PID 控制航向变化图

从以上的仿真结果可以看出，PID 自动舵能够在较短时间内到达指定航向，舵角调整的幅度较小，变化缓慢，调整次数少。因此，在 $V=7.2$ m/s 时，PID 控制的三个参数 $K_p=0.4390$，$K_i=0.0022$，$K_d=12.7808$ 设计合理，自动舵的动态精度高，控制效果好，此时 PID 自动舵的参数能满足这个速度的要求。

但是，一直按这个速度航行是不现实的。船舶是一个运动的系统，不可能一直停留在一个速度上。外界风、浪、流的影响，以及遭遇障碍物或其他船舶等情况，使得船舶的航行速度会发生变化。因此，仅仅是模拟这一速度的运动状况是不全面的。

(2)船速 $V=3.1$ m/s 时传统 PID 自动舵的仿真。

现在以速度 $V=3.1$ m/s 对船舶运动进行仿真，此时船舶运动模型参数分别为

$$T_0=\frac{T'L}{V}=322.154,\quad K_0=\frac{K'V}{L}=0.3415$$

设此时的期望输入为阶跃信号，初始值为 0°，在时间 50 s 时，航向突变为 30°。应用速度 7.2 m/s 时 PID 控制器的三个参数 $K_p=0.4390$，$K_i=0.0022$，$K_d=12.7808$，得其在期望航向作用下的舵角变化图和航向变化图，分别如图 6-6、图 6-7 所示。

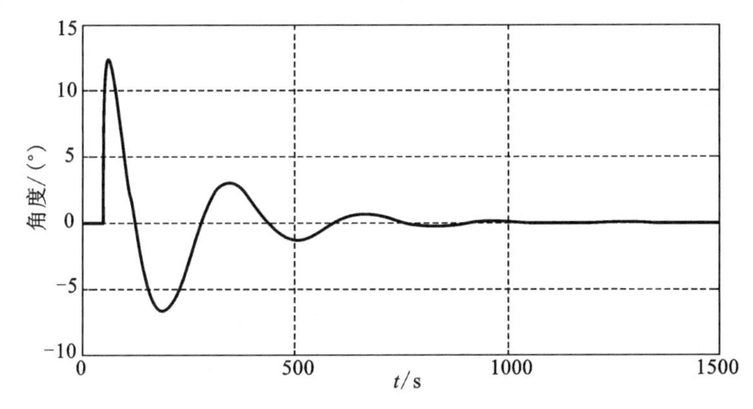

图 6-6 $V=3.1$ m/s 时 PID 控制舵角变化图

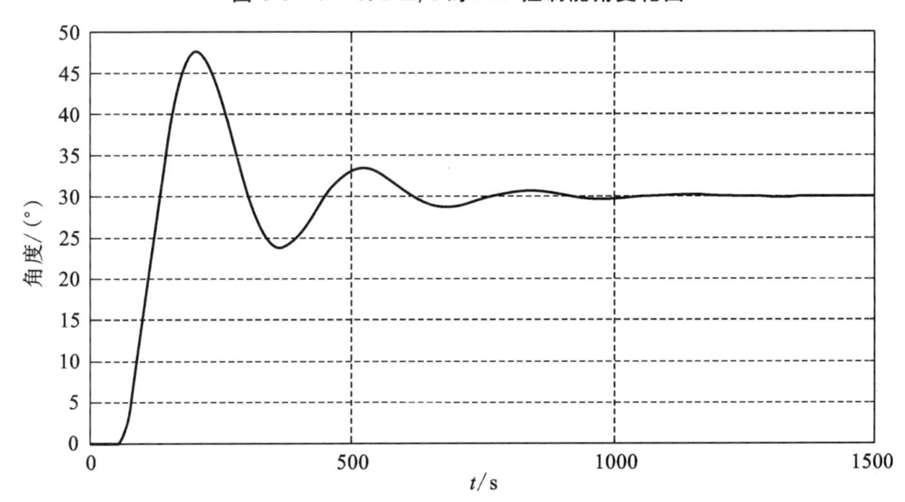

图 6-7 $V=3.1$ m/s 时 PID 控制航向变化图

从图6-6和图6-7明显可以看出，船舶此时的控制效果非常差，舵角调整时间长，次数多；到达期望航向所用的周期比较长，震荡剧烈。这样的设计不符合实际要求。

环境发生了变化，使得PID自动舵的参数不再适应，所以有必要对控制器参数进行调整，可得在速度$V=3.1$ m/s时PID自动舵控制器的参数为$K_p=2.3584$，$K_i=0.0118$，$K_d=72.5401$，其输入不变，仿真得到的舵角变化图和航向变化图分别如图6-8和图6-9所示。

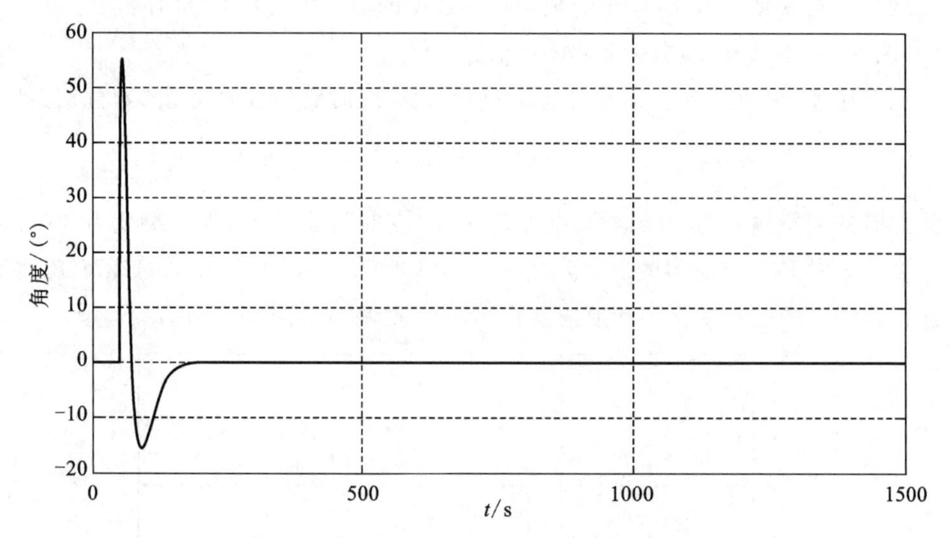

图6-8　$V=3.1$ m/s时PID控制舵角变化图

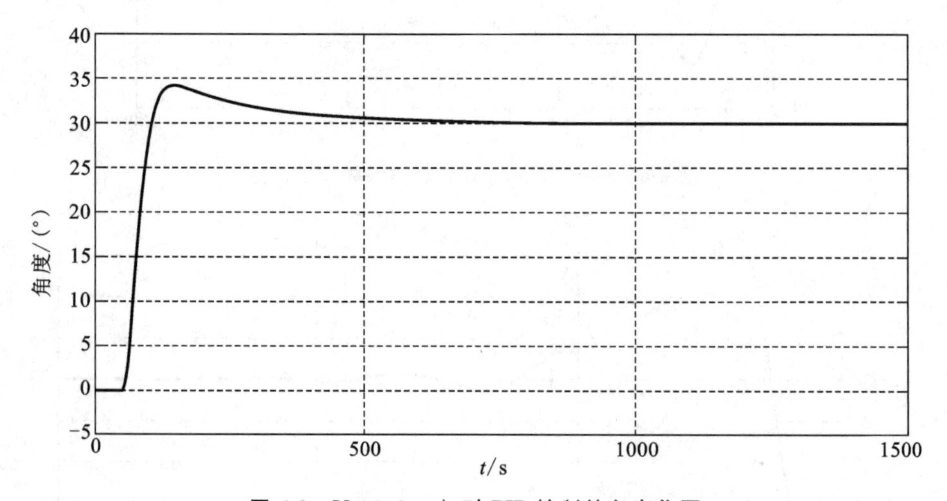

图6-9　$V=3.1$ m/s时PID控制航向变化图

可以看出，同PID参数调整之前的仿真图相比，PID自动舵在航向控制效果上有了明显的改善，操舵次数明显下降，响应时间大大缩短，自动舵能在较短时间内到达指定航向，控制效果好。由此可见，在航行参数(航速等)发生变化的情况下，PID的控制参数应该随外界的变化而改变。

但是，由于船的载重、航速等内部变化，以及风、浪、流等不确定性和时变干扰等因素，为了达到满意的控制效果，PID 参数必须适当调整。手动调节仅凭经验完成，效果未必理想，在恶劣的海况下尤其如此，而且时刻改变 PID 的控制参数也是不现实的。因此，PID 自动舵不能很好地满足实际需要。

6.1.3　神经网络自适应 PID 自动舵的仿真

神经网络具有自学习、自组织、自适应和跟踪记忆等功能，将神经网络应用于船舶航向控制具有重大意义。本节我们将会对神经网络单神经元自适应 PID 自动舵进行仿真实验，将其仿真结果与传统 PID 自动舵的仿真结果进行比较，并对其性能进行分析。

1. 无干扰情况下的仿真

在船舶航向控制中，将指令航向与实际航向的差值作为自动舵的输入，经控制算法的运算后向舵机输出。船舶航向控制系统的结构图如图 6-10 所示。

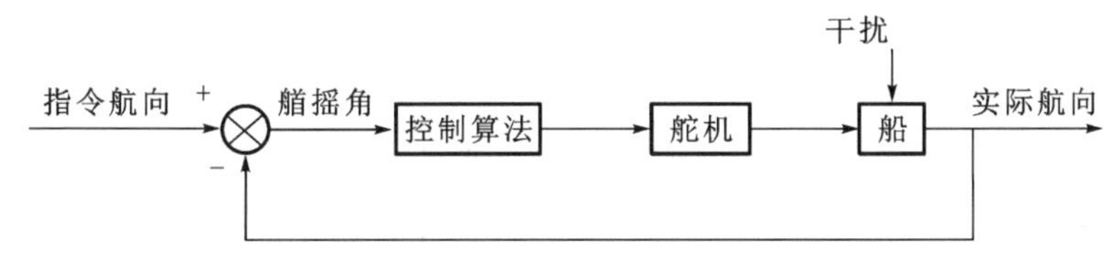

图 6-10　船舶航向控制系统的结构图

在 MATLAB 中建立 Simulink 仿真图。由于单神经元自适应 PID 算法不方便直接采用 Simulink 的标准模块搭建，于是利用 Simulink 中的 MATLAB Function 模块。

首先，将编写好的 M 函数保存在 MATLAB 的工作目录下，方便仿真模型调用，用以实现单神经元自适应 PID 控制算法。

然后，在函数模块中填入 M 函数名，定义好输入、输出变量。

最后，将整个模块添加到单神经元自适应 PID 自动舵系统仿真模型中，运行得出仿真结果。

神经网络单神经元自适应 PID 自动舵系统模型仿真图如图 6-11 所示。

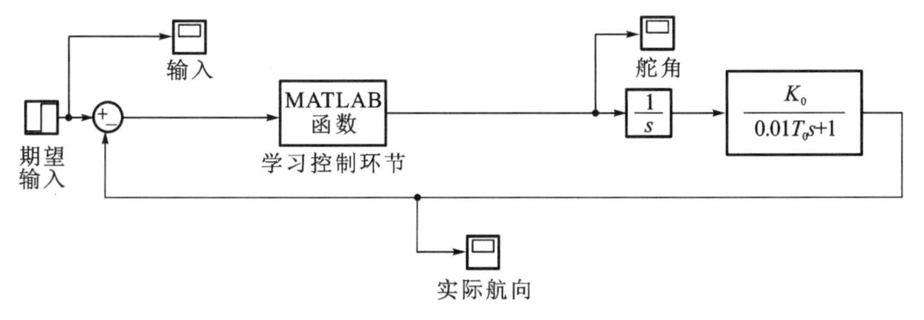

图 6-11　神经网络单神经元自适应 PID 自动舵仿真图

(1)船速 $V=7.2$ m/s 时的神经网络单神经元自适应 PID 自动舵仿真。

这里我们还是采用刚才介绍的一阶野本模型，设舰速 $V=7.2$ m/s，则船舶运动模型的标称参数分别为

$$T_0=\frac{T'L}{V}=138.705$$

$$K_0=\frac{K'V}{L}=0.7931$$

设期望航向为阶跃信号，初始值为 0°，在时间 50 s 处，突变为 35°。对 PID 自动舵和单神经元自适应 PID 自动舵进行仿真，输入相同的期望航向，如图 6-12 所示。

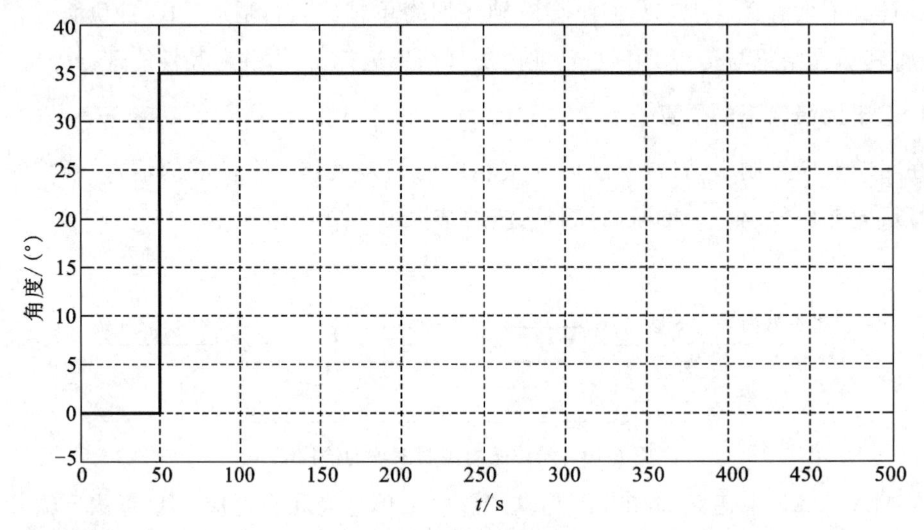

图 6-12　期望航向输入

在航速 $V=7.2$ m/s 时，神经网络单神经元自适应 PID 自动舵控制舵角变化图和航向变化图分别如图 6-13 和图 6-14 所示。

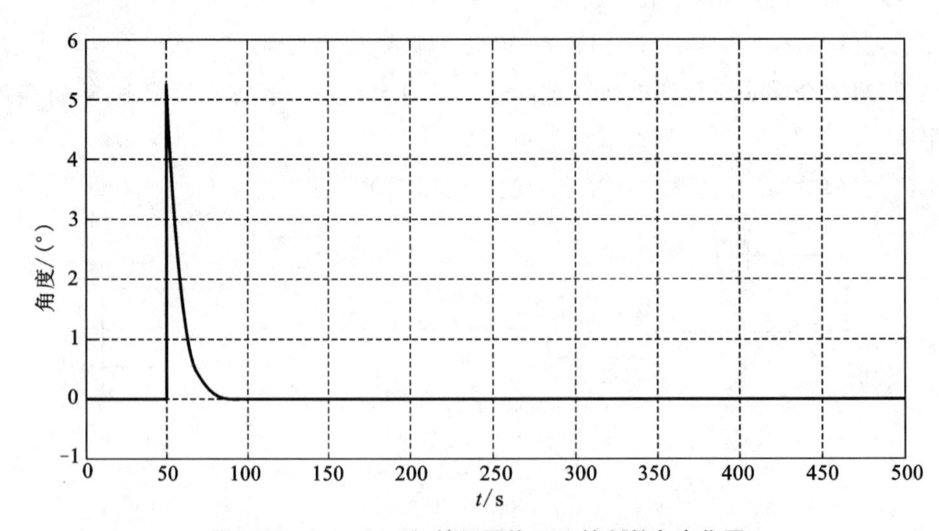

图 6-13　$V=7.2$ m/s 神经网络 PID 控制舵角变化图

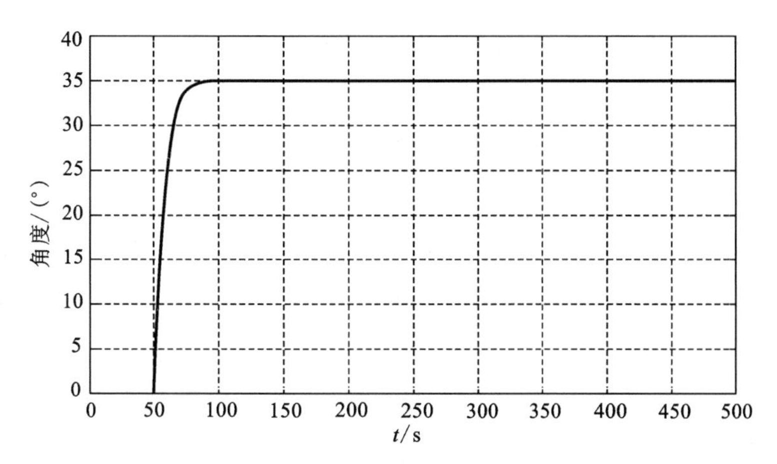

图 6-14　$V=7.2$ m/s 神经网络 PID 控制航向变化图

在航速 $V=7.2$ m/s 时，PID 自动舵控制舵角变化图和航向变化图分别如图 6-15 和图 6-16 所示。

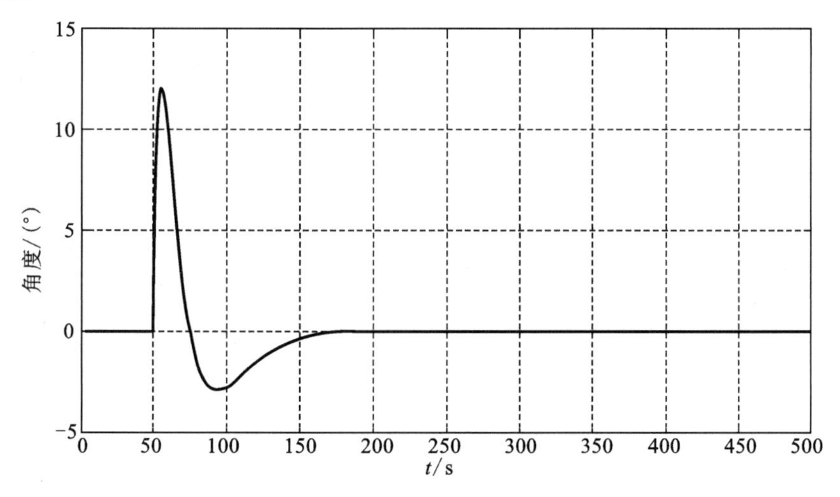

图 6-15　$V=7.2$ m/s PID 控制舵角变化图

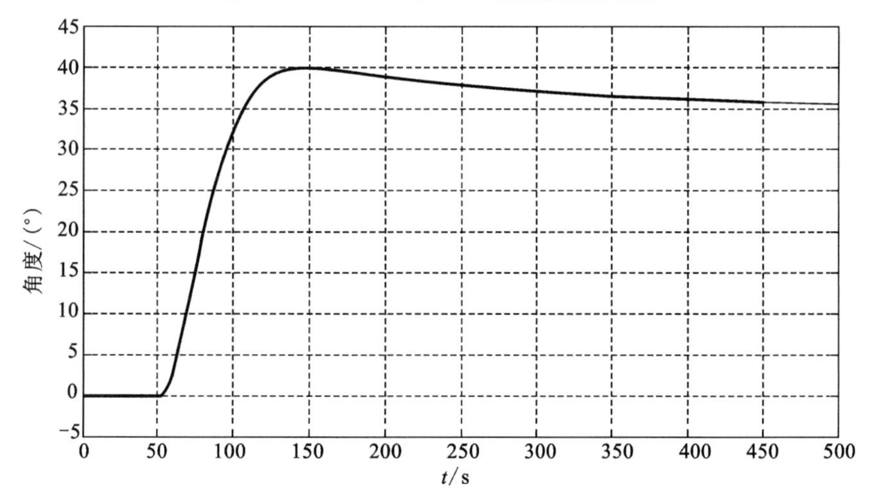

图 6-16　$V=7.2$ m/s PID 控制航向变化图

对以上仿真结果进行分析，可以得到以下结论。

①神经网络单神经元自适应 PID 自动舵控制舵角变化所需的时间较短。单神经元自适应 PID 自动舵控制舵角变化所需的时间 $t_1 \approx 30$ s，而 PID 自动舵控制舵角变化所需的时间 $t_2 \approx 100$ s。

②神经网络单神经元自适应 PID 自动舵控制舵角变化的幅度较小。单神经元自适应 PID 自动舵控制舵角变化的最大幅度为 5°，而 PID 自动舵控制舵角变化的最大幅度为 13°。

③神经网络单神经元自适应 PID 自动舵控制的航向能快速收敛，所需的时间短。

④神经网络单神经元自适应 PID 自动舵仿真的震荡小，收敛效果较好。

由此可以得出结论：在速度一定、船舶自身特征参数不变、没有外界干扰的情况下，神经网络单神经元自适应 PID 自动舵比 PID 自动舵更好。

(2)船速 $V=3.1$ m/s 时神经网络单神经元自适应 PID 自动舵仿真。

前面对船舶在不同速度下 PID 自动舵的性能进行了讨论，接下来将会对单神经元自适应 PID 自动舵在航速发生变化时的性能进行讨论，并对两种自动舵的性能进行比较。

设此时的航速 $V=3.1$ m/s，输入不变，期望航向还是为阶跃信号，初始值为 0°，在时间 50 s 处，突变为 35°，得其在期望航向作用下的舵角变化图和航向变化图，分别如图 6-17和图 6-18 所示。

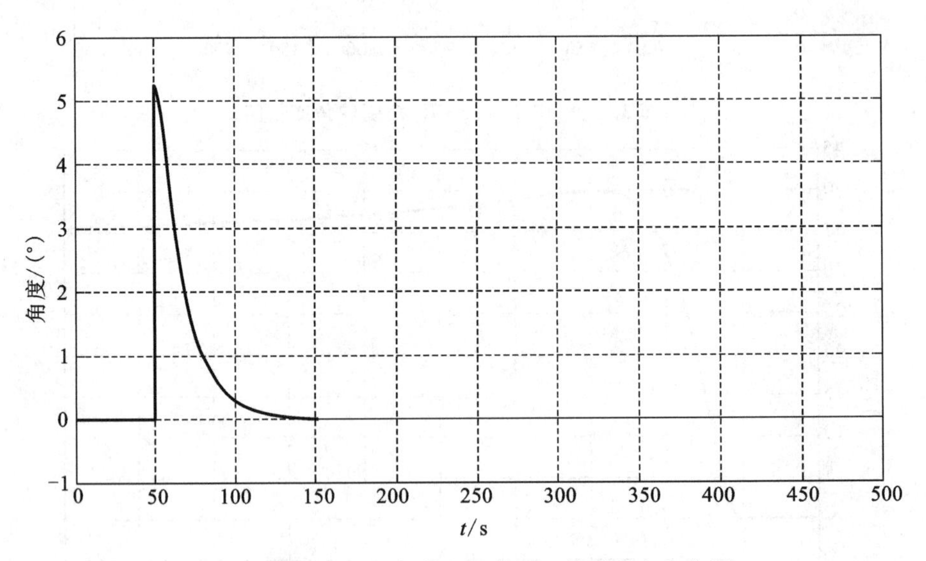

图 6-17 $V=3.1$ m/s 神经网络 PID 控制舵角变化图

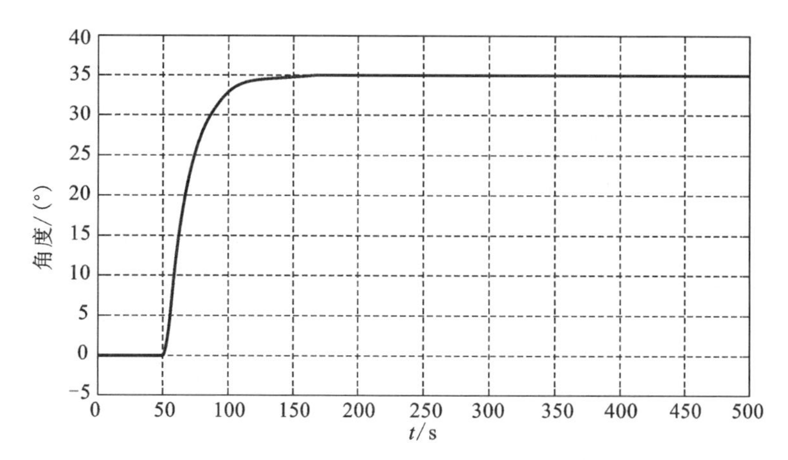

图 6-18　$V=3.1$ m/s 神经网络 PID 控制航向变化图

将图 6-17 和图 6-18 所示的仿真结果与图 6-6、图 6-7 对比明显可以看出，在船舶航速发生变化时，单神经元自适应 PID 自动舵依然保持较好的性能，舵角调整的幅度、频率没有明显的变化，船舶能够在较短时间内到达指定航向；相反，PID 自动舵控制舵角调整的幅度、频率明显增多，有震荡现象，船舶不能在较短时间内到达指定航向。

因此，当船舶自身特性发生变化时，PID 控制运动到指定航向所用的时间很长，舵角调整的幅度大，转舵频率高，控制效果不理想。为了满足实际需求，要实时对其参数进行调整，但是，这必将会增加操作者的劳动强度，增加成本。而且，实时进行参数调整也是不可行的。与之对应的，单神经元自适应 PID 控制算法能根据实际情况进行学习，自动调整参数，使得其收敛耗时较短，舵角调整频率低，转舵幅度小，收敛效果好。

总之，神经网络单神经元自适应 PID 自动舵在环境发生变化时有很好的控制效果，性能稳定，可以满足实际需求。

2. 有干扰情况下的仿真

前面讨论了在理想情况下两种自动舵的仿真，本节将对有干扰的情况进行仿真。

下面假设船舶以 $V=7.2$ m/s 的速度航行，期望航向为阶跃信号，初始值为 0°，在时间为 50 s 处，突变为 35°。干扰为阶跃信号，在时间 30 s 时，突变为 30°，传统 PID 的仿真图如图 6-19 所示，神经网络 PID 的仿真图如图 6-20 所示。

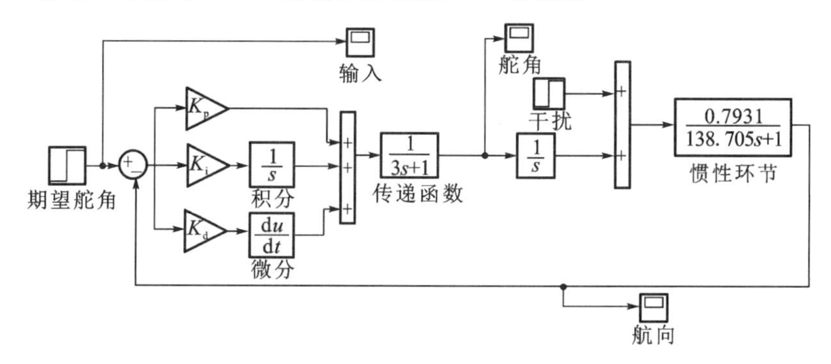

图 6-19　$V=7.2$ m/s 时传统 PID 的仿真图(有干扰情况)

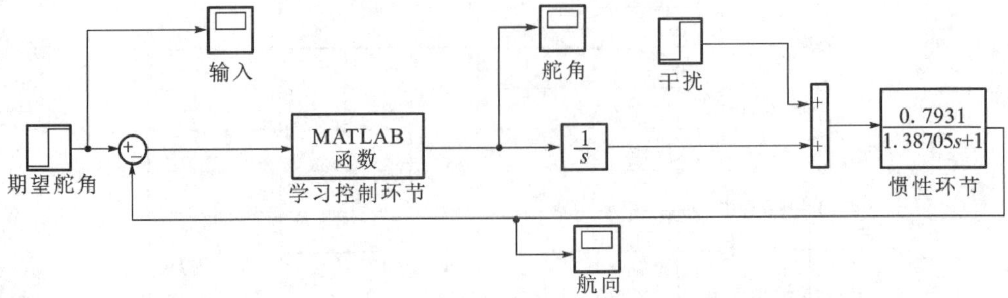

图 6-20　V=7.2 m/s 时神经网络 PID 的仿真图(有干扰情况)

期望航向输入的仿真结果如图 6-21 所示，在以上干扰下的 PID 自动舵的舵角变化图和舵向变化图分别如图 6-22 和图 6-23 所示。

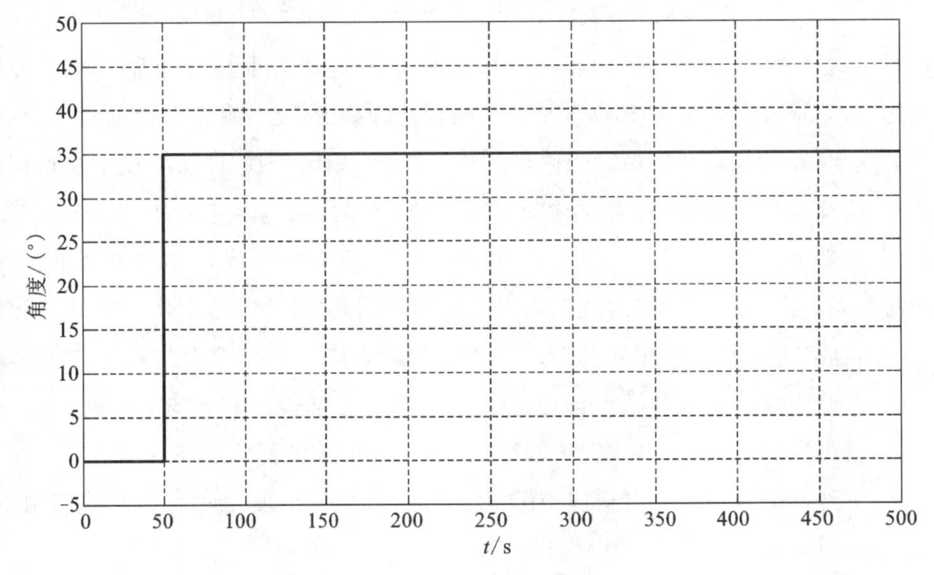

图 6-21　期望航向输入

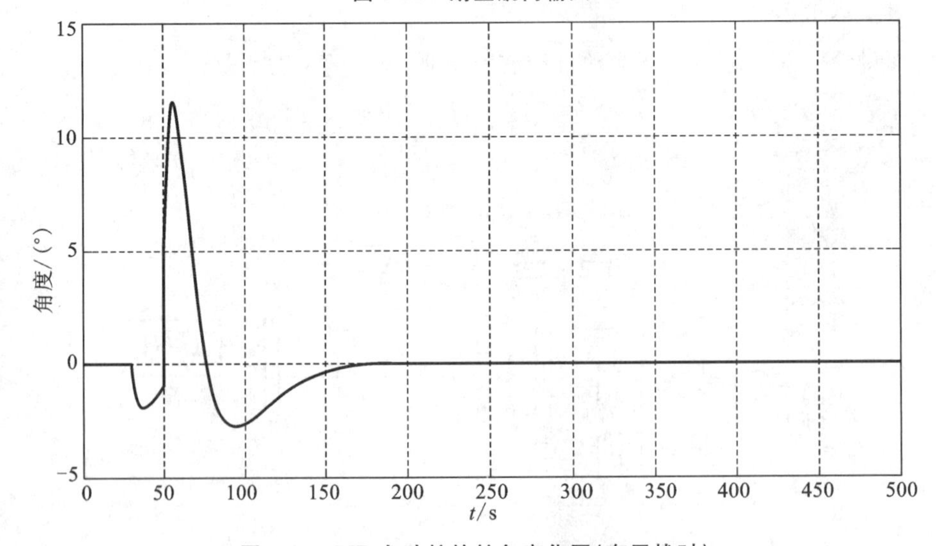

图 6-22　PID 自动舵的舵角变化图(有干扰时)

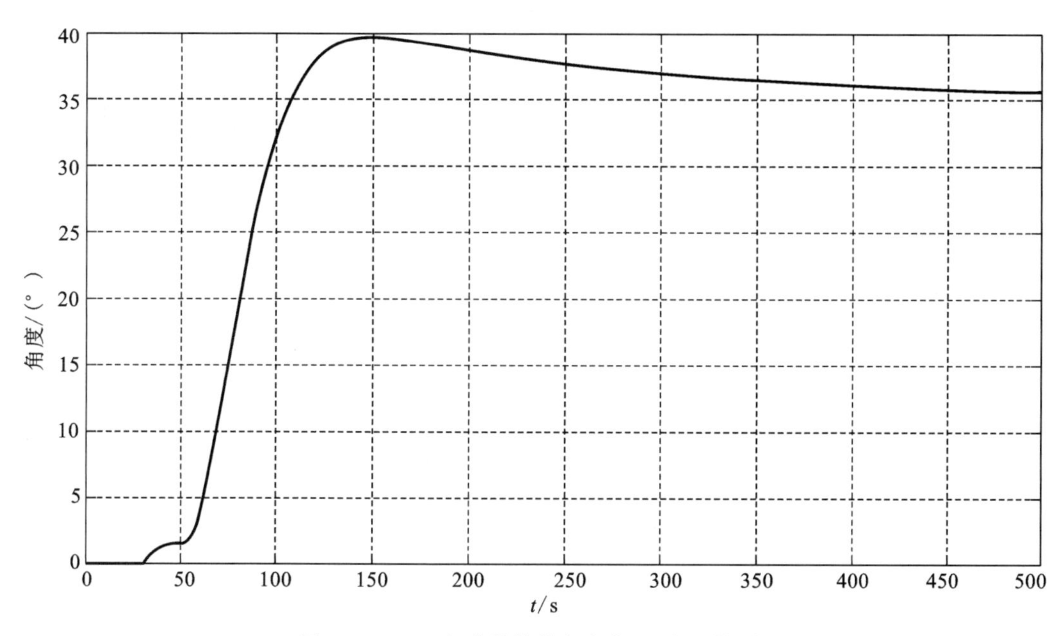

图 6-23　PID 自动舵的航向变化图(有干扰时)

有干扰时,神经网络 PID 的舵角变化图和航向变化图分别如图 6-24 和图 6-25 所示。

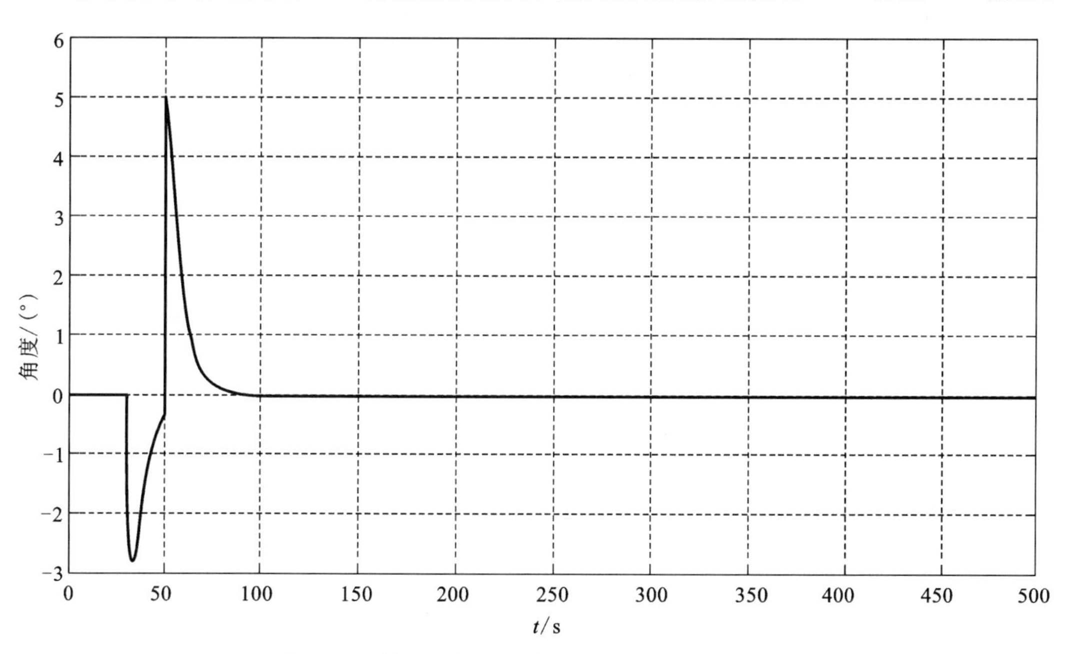

图 6-24　神经网络 PID 的舵角变化图(有干扰时)

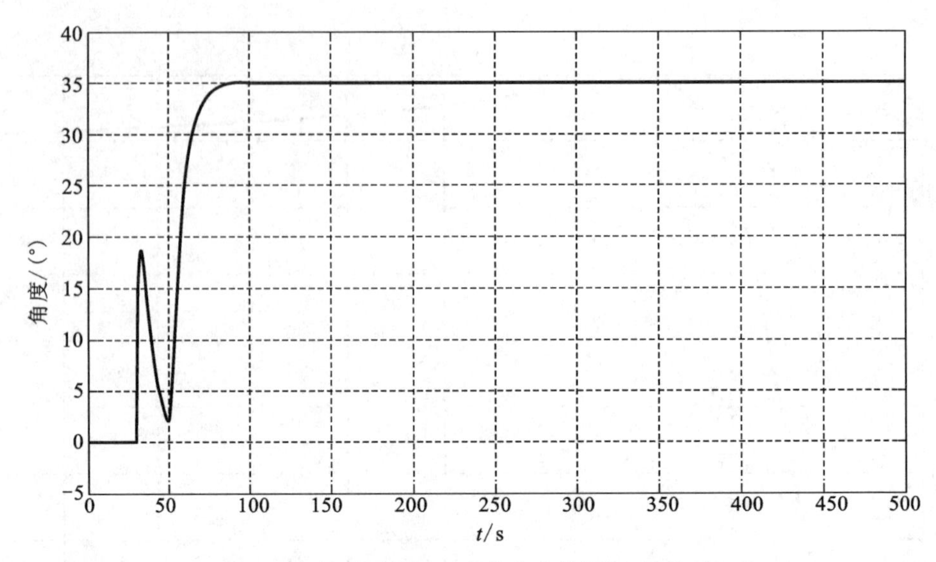

图 6-25　神经网络 PID 的航向变化图(有干扰时)

从以上仿真结果可以看出,在有干扰的情况下,神经网络单神经元自适应 PID 自动舵与 PID 自动舵相比,其优点如下:

(1)对指令的反应更迅速,能在较短的时间内使船舶到达指定航向;

(2)舵角调整幅度较小,PID 自动舵舵角调整的最大值约为 12°,而神经网络单神经元自适应 PID 自动舵舵角调整的最大值约为 5°;

(3)神经网络单神经元自适应 PID 自动舵仿真结果震荡次数少。

因此,神经网络单神经元自适应 PID 自动舵比 PID 自动舵更优。

6.2　MATLAB 神经网络工具箱及其仿真

6.2.1　MATLAB 神经网络工具箱图形用户界面

神经网络工具箱就是以人工神经网络理论为基础,在 MATLAB 环境下用 MATLAB 语言构造出典型神经元网络的激发函数(传递函数),如 S 形、线形、竞争层、饱和线形等激发函数,对所选定网络输出的计算,变成对激发函数的调用。MATLAB 神经网络工具箱包括许多现有的神经网络成果,涉及网络模型的有感知器模型、BP 网络、线性滤波器、控制系统网络模型、自组织网络、反馈网络、径向基网络、自适应滤波和自适应训练等。神经网络工具箱包含人工神经元网络设计函数及其分析函数,可通过 help nnet 命令获得神经网络工具箱函数及其相应的功能说明。

图形用户界面又称图形用户接口(graphical user interface,GUI)是指采用图形方式显示计算机操作用户界面。利用MATLAB的神经网络工具箱,使用更加友好、快捷。GUI的Neural Network/Data Manager窗口,是一个独立的窗口。在MATLAB命令行窗口中输入nntool后按Enter键,出现如图6-26所示的Neural Network/Data Manager(nntool)窗口。该窗口有7个空白文本框,底部有一些功能按键。这个窗口是独立的,可将GUI得到的结果数据导出到命令窗口中,也可将命令窗口中的数据导入GUI窗口中,GUI开始运行后,就可以创建一个神经网络,而且可以查看其结构,对其进行仿真和训练,也可以输入和输出数据。

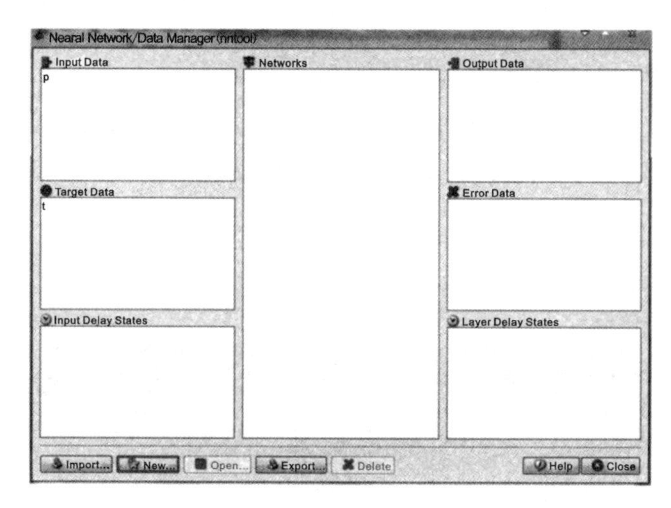

图6-26 Neural Network/Data Manager(nntool)窗口

Input Data—输入值;Target Data—目标输入值;Input Delay States—输入欲延迟时间;

Networks—构建的网络;Output Data 输出值;Error Data—误差值;Layer Delay States—输出欲延迟时间

6.2.2 基于Simulink的神经网络模块工具

Simulink是MATLAB中的软件包,采用模块描述系统的典型环节。因此,它是面向结构的动态系统仿真软件,适合连续线性与非线性系统、离散线性与非线性系统以及混合系统,具有可视化的特点。应用Simulink构建设计神经网络有两条途径:

(1)在神经网络工具箱(neural network toolbox,NNTOOL)提供了可在Simulink中构建网络的模块。

(2)在MATLAB工作空间中设计的网络,能用函数gensim()很方便地生成相应的Simulink模型网络。函数gensim(net,st)中的net是需要生成模块化描述的网络,该网络需在MATLAB工作空间进行设计;st是采样周期,若st=−1,则为连续采样,若st为其他实数,则为离散采样。

Simulink 模型是程序,是扩展名为.mdl 的 ASCII 代码,它采用方框图形式的分层结构。Simulink 神经网络模块有 5 个子模块库,在 MATLAB 命令窗口(Command Window)输入 neural 后回车,弹出如图 6-27 所示的界面。

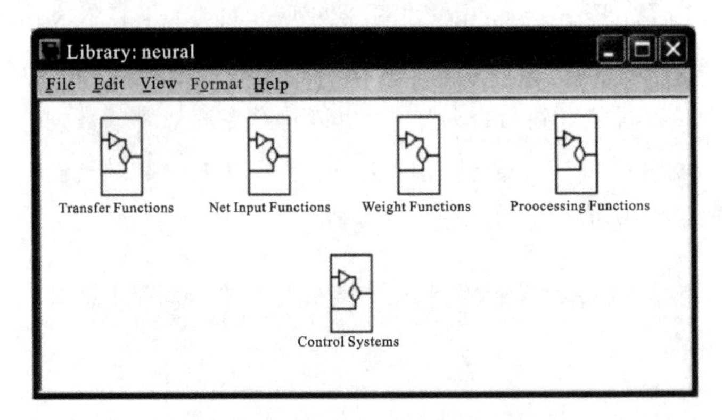

图 6-27 神经网络工具箱子模块窗口

下面分别对 Simulink 神经网络模块各子模块库进行介绍。

(1)传递函数模块库(Transfer Functions),如图 6-28 所示。

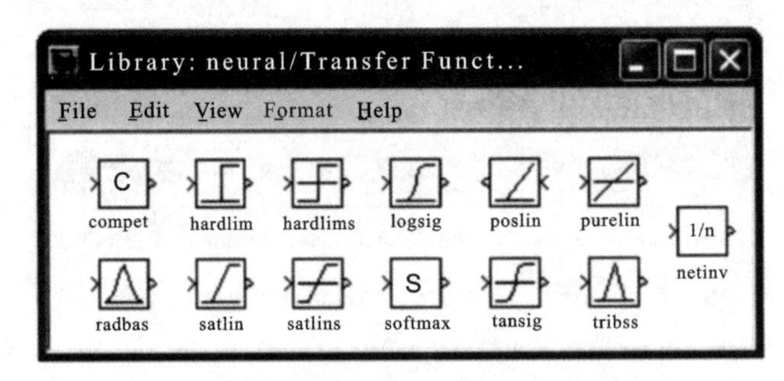

图 6-28 传递函数模块库

(2)网络输入模块库(Net Input Functions),有加、减、点乘和除计算等,如图 6-29 所示。

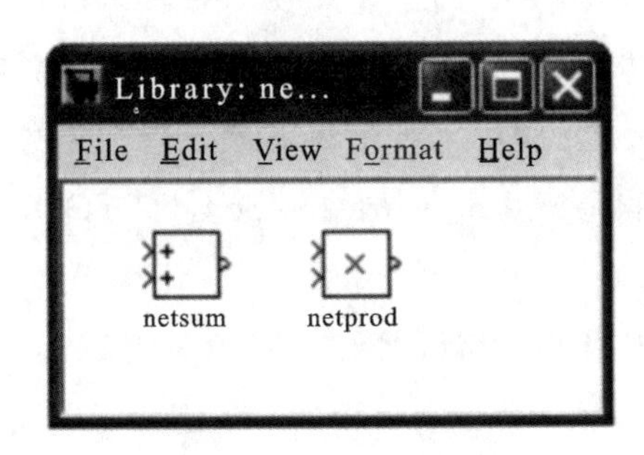

图 6-29 网络输入模块库

(3)权值设置模块库(Weight Functions),有点乘权值函数、距离权值函数、距离负值计算权值函数、规范化的点乘权值函数等,如图6-30所示。

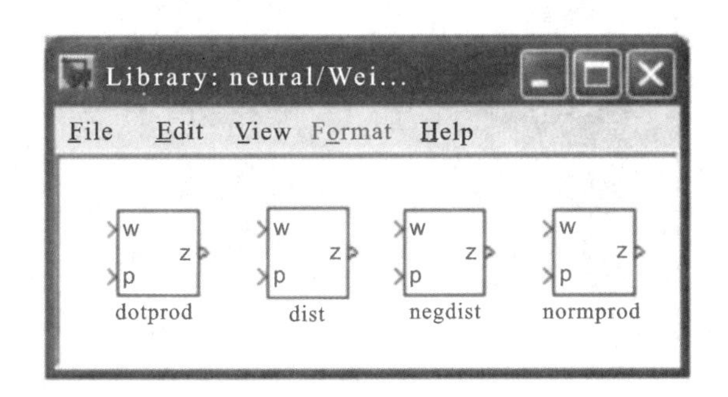

图6-30 权值设置模块库

(4)控制系统模块库(Control Systems),有模型参考控制器、NARMA-L2控制器、神经网络预测控制器、示波器等,如图6-31所示。

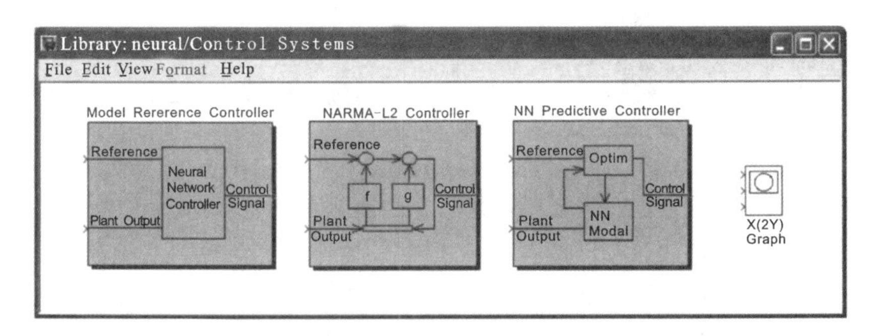

图6-31 控制系统模块库

(5)过程处理模块库(Processing Functions),如图6-32所示。

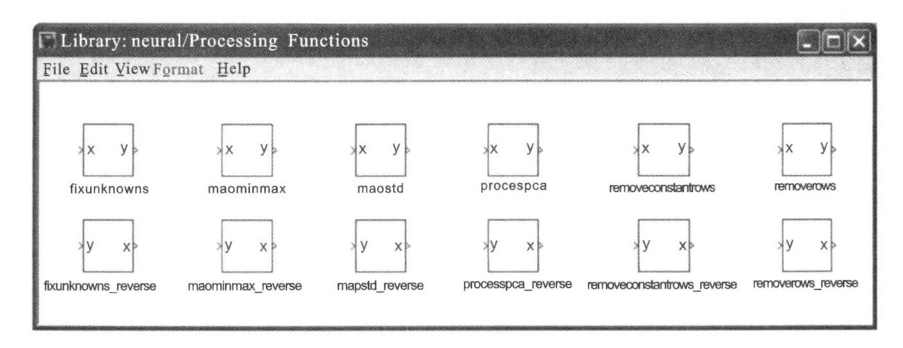

图6-32 过程处理模块库

神经网络工具箱提供了一组Simulink模块工具,可用来建立神经网络和基于神经网络的控制器。工具箱提供三类控制的相关的Simulink实例,分别为模型预测控制(model predictive control)、反馈线性化控制(feedback linearization或者NARMA-L2)和模型参考控制(model reference control)。

第7章

智能算法控制应用

7.1 基于粒子群优化算法的离散PID控制器参数优化

PID控制器的参数整定是控制系统设计的核心内容。它是根据被控过程的特性确定PID控制器的比例系数、积分时间和微分时间的大小。PID控制器参数整定的方法很多,概括起来有两大类:一是实验凑试法,它主要依赖调试经验,直接在控制系统的试验中进行,且方法简单、易于掌握,在工程实际中被广泛采用;二是理论计算整定法,它主要是依据系统的数学模型,经过理论计算确定控制器参数。这种方法所得到的计算数据未必可以直接用,还必须通过工程实际进行调整和修改。但根据参数凑试法得出的控制器参数的控制效果并不是很理想,而手动调整控制器参数找到较优值费时又费力,因此利用一种优化算法对控制器参数进行优化是非常必要的。为此,采用粒子群优化算法,在二次型性能指标下对离散PID控制器的控制参数进行优化并给出了优化结果,同时通过仿真进行研究与分析。

7.1.1 优化问题目标函数的选取

粒子群算法需要一个目标函数来衡量每个粒子的适应程度,从而使粒子在系统的约束条件下,寻求更好的状态。

对于本节所描述的控制系统,选取二次型性能指标作为粒子群优化算法的目标函数。

当目标函数的目的在于使终端误差、控制过程中的偏差和控制能量综合起来比较小时,目标函数常常采用二次型性能指标函数,即

$$J = \sum_{k=0}^{\infty}[e^2(k) + \rho u^2(k)] \tag{7-1}$$

其中，ρ 为常数，且 $0 \leqslant \rho \leqslant 1$。

7.1.2　仿真优化设计过程

对离散 PID 控制器进行优化，就是寻找合适的 K_p、K_i、K_d 三个参数，以使闭环系统达到良好的输出效果。

在 MATLAB/Simulink 环境下进行仿真研究，其中离散 PID 控制器的仿真模型如图 7-1 所示，图 7-2 为封装后的离散 PID 控制器，其中 PID 控制器的 K_p、K_i、K_d 三个参数可以在图 7-3 所示的界面中给定。

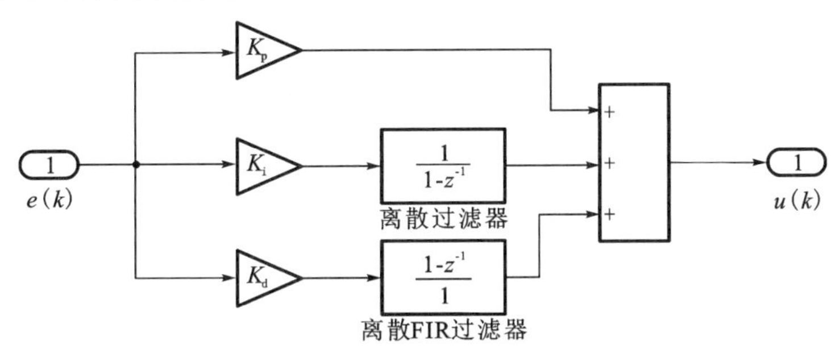

图 7-1　离散 PID 控制器的仿真模型

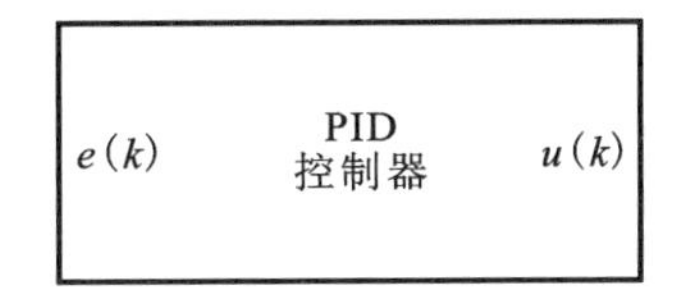

图 7-2　封装后的离散 PID 控制器

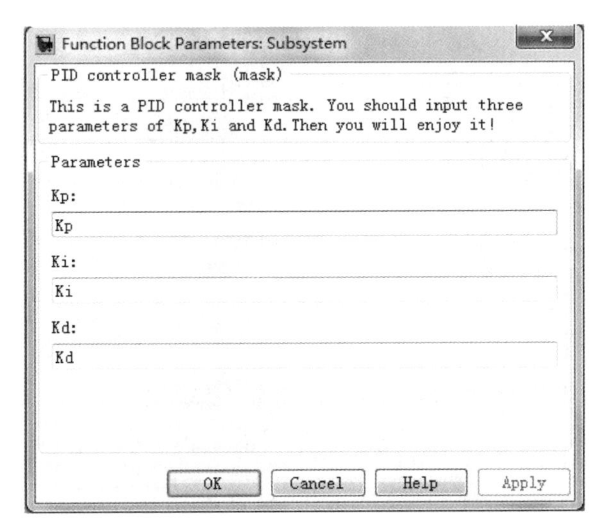

图 7-3　离散 PID 控制器参数的设置

已知被控对象的传递函数模型为

$$G(s)=\frac{1}{s(10s+1)} \tag{7-2}$$

采用二次型性能指标，则 Simulink 环境下的 PID 控制系统模型如图 7-4 所示，其中 rou 为二次型性能指标的常数 ρ，且 $0\leqslant\rho\leqslant1$。

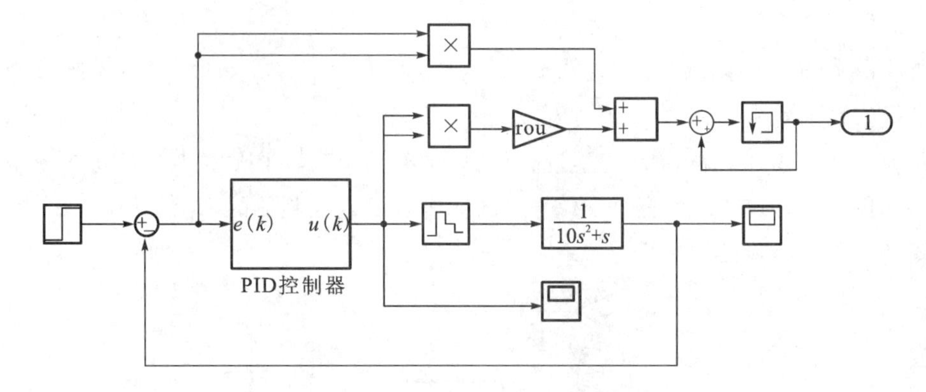

图 7-4　Simulink 环境下的 PID 控制系统模型

利用粒子群算法对 PID 控制器的参数进行优化，其优化流程图如图 7-5 所示。

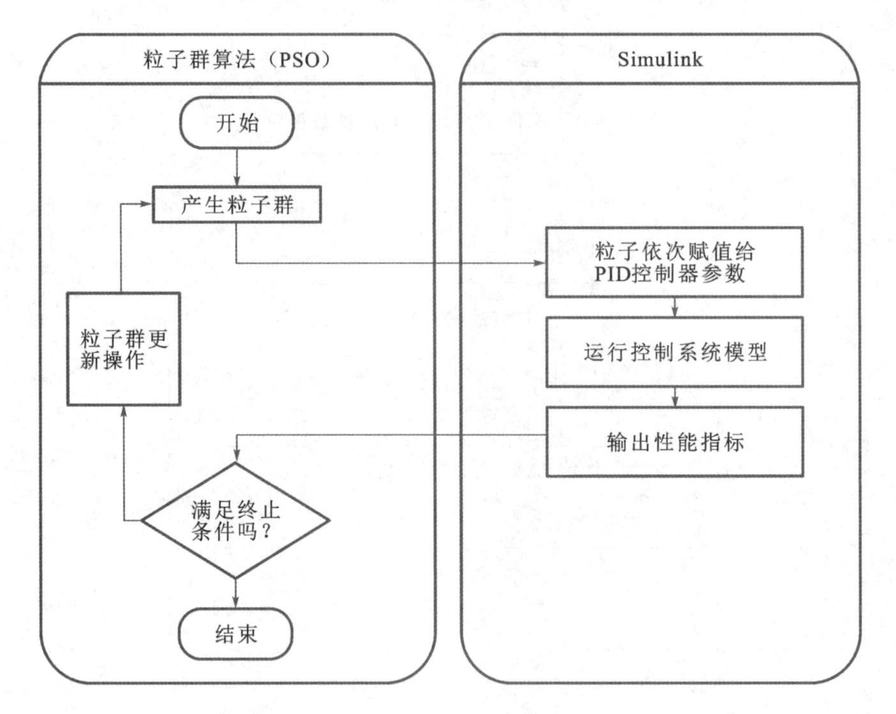

图 7-5　利用粒子群算法对 PID 控制器参数进行优化的流程图

粒子群算法与 Simulink 模型之间连接的桥梁是粒子（即 PID 控制器参数）和该粒子对应的适应值（即控制系统的二次型性能指标）。优化过程如下：PSO 产生粒子群，将该粒子群中的粒子依次赋值给 PID 控制器的参数 K_p、K_i、K_d（见图 7-3），然后运行控制系统的 Simulink 模型，得到该组参数对应的性能指标，该性能指标传递到 PSO 中作为该粒子的适应值，最后判断是否可以退出算法。

7.1.3　仿真分析

因为二次型性能指标的常数 ρ 的取值范围为[0,1]，首先取 $\rho=1$。设置控制系统 Simulink 模型的运行时间为[0,50]。

为了便于比较，本节首先采用 MATLAB 自带的基于下山单纯形法的 fminsearch 函数对 PID 控制器的参数进行优化。根据试凑法将 PID 控制器参数的初值设置为 $K_p=0.5$，$K_i=0$，$K_d=5$，在第 2 秒给定一阶跃为 1 的输入信号，运行整个系统，优化后的最优参数为 $K_p=0.2705$，$K_i=0$，$K_d=0.8344$。在此组参数下得到的最优控制信号的波形如图 7-6 所示，响应曲线如图 7-7 所示。

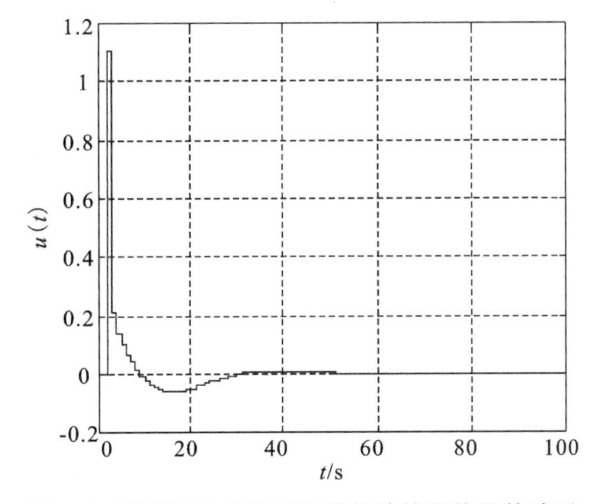

图 7-6　利用下山单纯形法优化的控制信号的波形

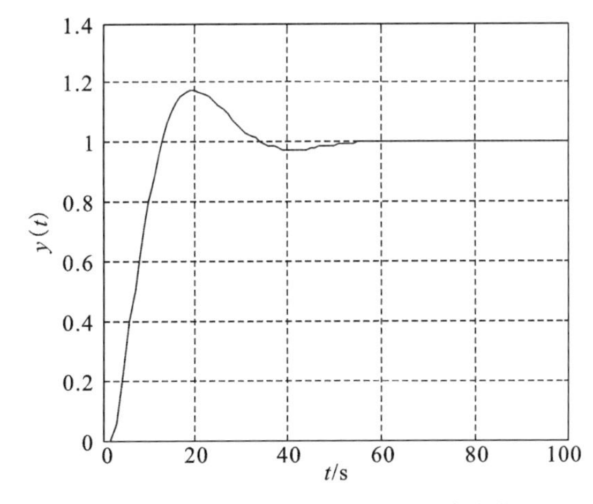

图 7-7　利用下山单纯形法优化的响应曲线

利用粒子群优化算法时，设置 PSO 的参数为：惯性因子 $w=0.6$，加速常数 $c_1=c_2=2$，维数为 3（有 3 个待优化参数），粒子群规模为 50，最大迭代次数为 100，最小适应值为负的无穷大，速度范围为[−1,1]，3 个待优化参数的范围均为[0,10]。

在第 2 秒给定一阶跃为 1 的输入信号，运行整个系统。经过 Simulink 仿真，可得优化后的最优参数为 $K_p=0.2512$，$K_i=0$，$K_d=0.8865$。在此组参数下得到的最优控制信号的波形如图 7-8 所示，响应曲线如图 7-9 所示。

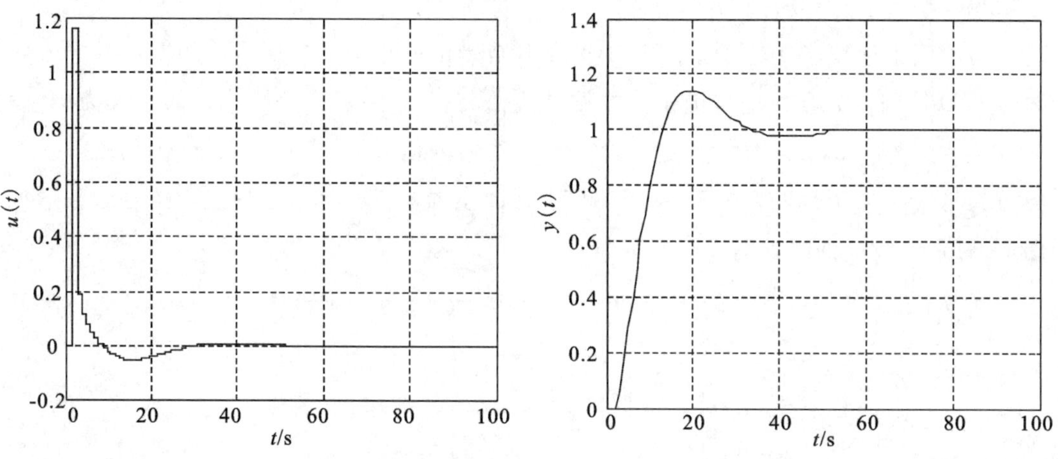

图 7-8　利用 PSO 优化的控制信号的波形　　图 7-9　利用 PSO 优化的响应曲线

图 7-10 为 PID 控制器的参数 K_p、K_i、K_d 的优化曲线，图 7-11 为最优个体适应值的变化曲线。

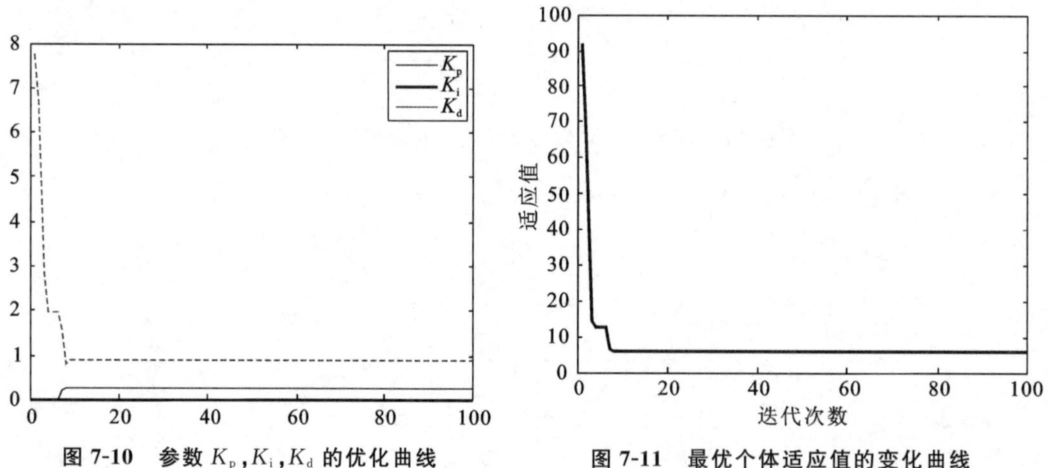

图 7-10　参数 K_p，K_i，K_d 的优化曲线　　图 7-11　最优个体适应值的变化曲线

由图 7-8 和图 7-9 可以看出，在该组参数下，控制信号峰值为 1.1377，响应曲线的峰值为 1.147，上升过程超调量较小，为 14.7%。系统经过 35 s 进入稳态，稳态值为 1，无稳态误差，符合工程实际要求。与利用下山单纯形法的优化结果进行对比，如表 7-1 所示。

表7-1　利用粒子群优化算法与下山单纯形法的优化结果比较

参数指标	粒子群优化算法	下山单纯形法
K_p	0.2512	0.2705
K_i	0	0
K_d	0.8865	0.8344
调节时间	35 s	43 s
控制信号峰值	1.1377	1.1049
响应曲线峰值	1.147	1.174
稳态值	1	1
响应曲线超调量	14.7%	17.4%
最小适应值	5.6192	5.6319

通过比较，可以得出在采用粒子群优化算法优化得到的最优PID控制器参数下，与采用下山单纯形法相比，调节时间缩短8s，虽然控制信号峰值略大，但是响应曲线峰值降低，超调量由17.4%减小到14.7%，且最小适应值小于下山单纯形的最小适应值。所以，采用粒子群优化算法得到的是全局最优解。

为了研究二次型性能指标的ρ值对优化结果的影响，令ρ值分别为0、0.2、0.4、0.6、0.8、1时的控制信号的波形比较图和响应曲线比较图分别如图7-12和图7-13所示。

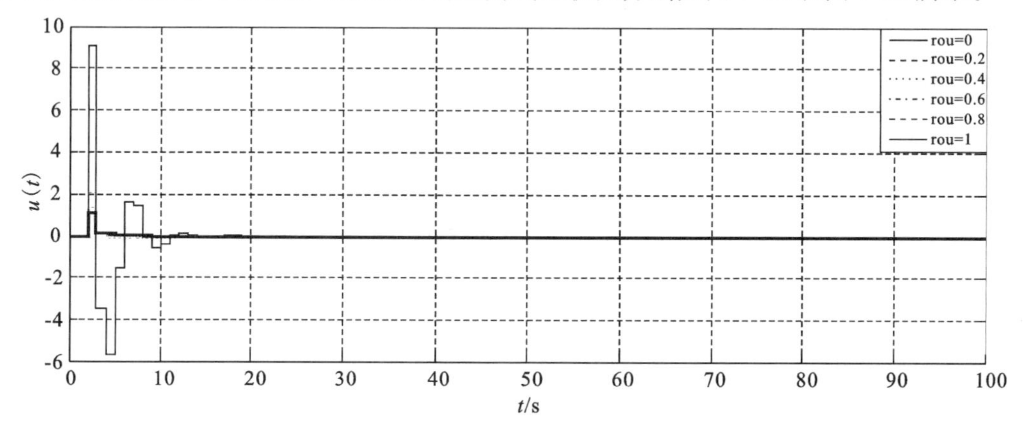

图7-12　不同ρ值下最优控制信号的波形比较图

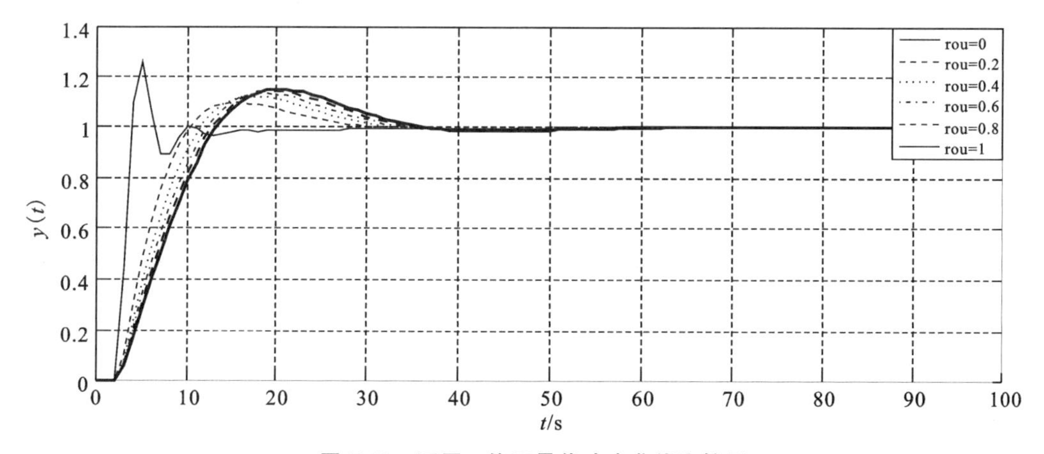

图7-13　不同ρ值下最优响应曲线比较图

在不同 ρ 值下，最优控制的结果如表 7-2 所示。

表 7-2 在不同 ρ 值下最优控制的结果比较

ρ	0	0.2	0.4	0.6	0.8	1.0
K_p	0.5484	0.3466	0.3047	0.2804	02635	0.2512
K_i	0	0	0	0	0	0
K_d	7.5526	1.7594	1.3287	1.1164	0.9819	0.8865
调节时间	13 s	30 s	31 s	33 s	34 s	35 s
控制信号峰值	9.101	2.106	1.6334	1.3968	1.2454	1.1377
响应曲线峰值	1.255	1.098	1.121	1.133	1.141	1.147
稳态值	0.9999	1	1	1	1	1
响应曲线超调量	25.5%	9.8%	11.1%	13.3%	14.1%	14.7%
最小适应值	1.4219	3.7910	4.4884	4.9577	5.3202	5.6192

由表 7-2 可以看出，在二次型性能指标常数 ρ 的取值范围[0,1]内，当 $\rho=0$ 时，为特殊情况，即指标忽略控制信号的影响。此时调节时间最短，控制信号峰值、响应曲线峰值和超调量均最大，且有稳态误差。当 ρ 值分别为 0.2、0.4、0.6、0.8、1 时，调节时间变长，控制信号峰值减小，响应曲线峰值和超调量逐渐增大，均无稳态误差。

7.2 基于粒子群算法的无人船路径规划

7.2.1 无人船路径规划的基本概念

路径规划是研究水面无人船自主避障的核心关键问题，所谓路径规划即水面无人船能根据已给定的地图或者作业区域，运用算法等规划出一条合理的路径供水面无人船到达指定终点。

在路径规划过程中，我们往往需要考虑诸多指标，这些指标有所需时间最短、所需路径最优、所需路程最短、所需工作代价值最小，等等，这往往是根据水面无人船的工作环境及决策者决定的。而路径规划的优劣(时间、距离、速度、平滑度等)将直接决定着水面无人船的任务完成度及结果的优劣程度。

假设起点坐标 S 为(x_0,y_0)，终点坐标 T 为(x_{n+1},y_{n+1})，其在 x 方向上的坐标为$X=(x_1,x_2,\cdots,x_n)$，在 y 方向上的坐标为 $Y=(y_1,y_2,\cdots,y_n)$，每一条路径所代表的长度函数为

$$L = \sum_{i=0}^{n}\left(\sqrt{(x_{i+1}-x_i)^2+(y_{i+1}-y_i)^2}\right)+\sum_{k=1}^{k} wV(k) \tag{7-3}$$

$$V(k)=\max\left(1-\frac{\sqrt{(x_i-a)^2+(y_i-b)^2}}{R(k)},0\right) \tag{7-4}$$

式中：K——障碍物个数；$V(k)$——避障约束惩罚函数；w——安全因子，设置 $w=100$；(a,b)——障碍物圆心坐标；$R(k)$——障碍物 k 的半径。

7.2.2　环境建模

水面无人船对路径规划是根据其自身携带的传感器，将识别的小岛、暗礁或者其他船只等障碍物进行栅格化，不到一格的近似为一格，以构成二维的环境模型。环境建模方法包含栅格法、链接图法、可视图法、拓扑法等。本节介绍其中三种建模方法。

1. 栅格法

所谓栅格法，是地图建模的一种方法，就是利用其单元格来代替环境中的相关元素，并将其拼接成一个一个的障碍物。关于如何在环境地图中显示出来，就是用到了图像的二值化处理，将单元格组成的障碍物记为 0，将单元格组成的非障碍物记为 1，如图 7-14 所示。白色栅格就是无障碍物可航行栅格，黑色栅格就是有障碍物不可航行栅格，如图 7-15 所示。对于其栅格地图法的实现效果主要是依赖于栅格选取的大小。选取的单元格越小，其环境呈现的信息将更加的清晰，当然也会存在一些缺点，如速度减慢、信息存储量增加、干扰信号增大等。选取的单元格越大，自然而然就会导致环境地图的模糊化。

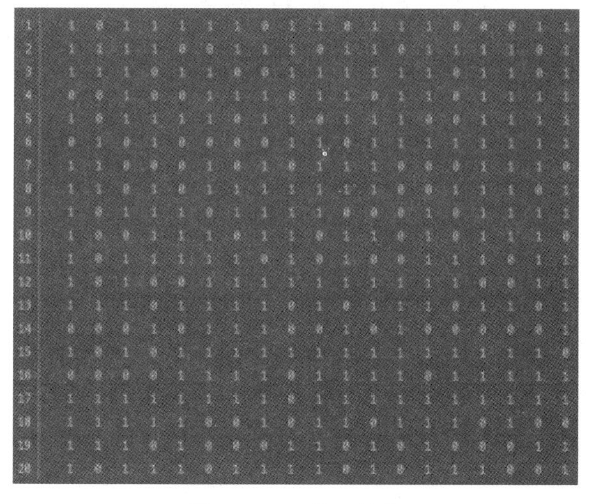

图 7-14　环境二值化

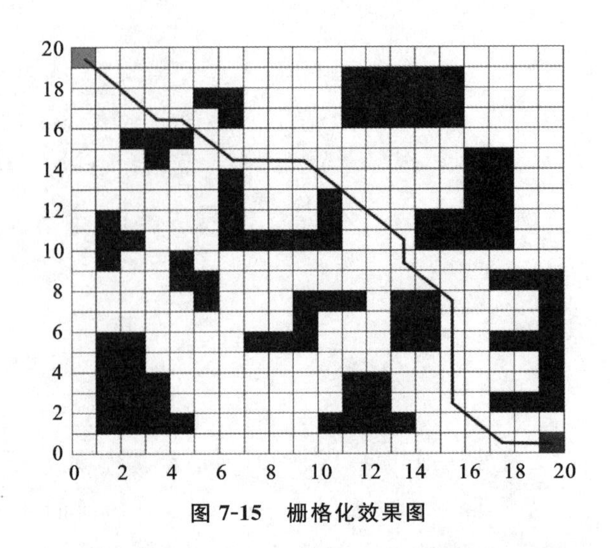

图 7-15 栅格化效果图

2. 可视图法

把环境中的障碍物描述成规则多变的图形，并将障碍物及起点和终点简化成不规则图形，顶点相连，利用一个质点来描述无人船就是所谓的可视图法。去掉与障碍物相交的直线，其余的直线就与障碍物无碰撞。图 7-16 为水面无人船选择路径(在不碰到障碍物的情况下)的可视图。在确定避障路径时，利用算法运用在这些直线上的点确定路径即可。若起点和终点的位置发生变化时，就必须对环境重新规划，这将使计算量增大，灵活性下降。

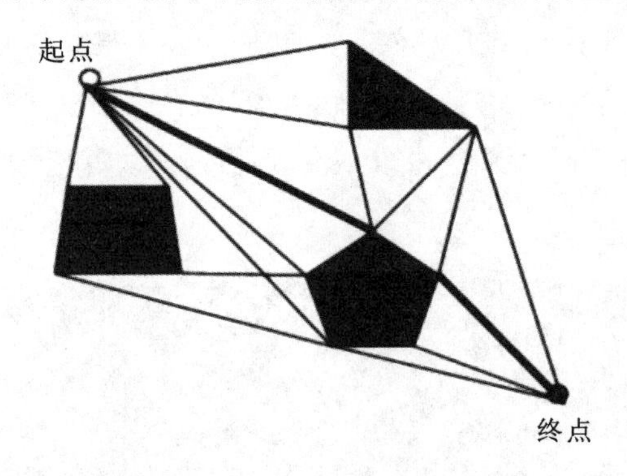

图 7-16 可视图

3. 拓扑法

拓扑法的主要思想就是将空间环境分割，即分割成具有拓扑特征的子空间，这些子空间之间通过直线相互连通，构成一个连通图。而形成的网络又被称为拓扑网络，用建立的拓扑网路来探索路径，求解所得的路径被称为几何路径，如图 7-17 所示。拓扑建模其实就有降维的转换过程，这极大地减小了其搜索空间，并且因障碍物个数确定了算法复杂性。此外，水面无人船的准确位置也不需要表示，对于障碍物多、环境广阔的时候应用更好。但是，该方法也存在一些缺陷，例如拓扑网络会随着障碍物的数量不断增加而变得十分复杂，并且如果对已存在的拓扑网络进行修改，将会变得更加复杂。

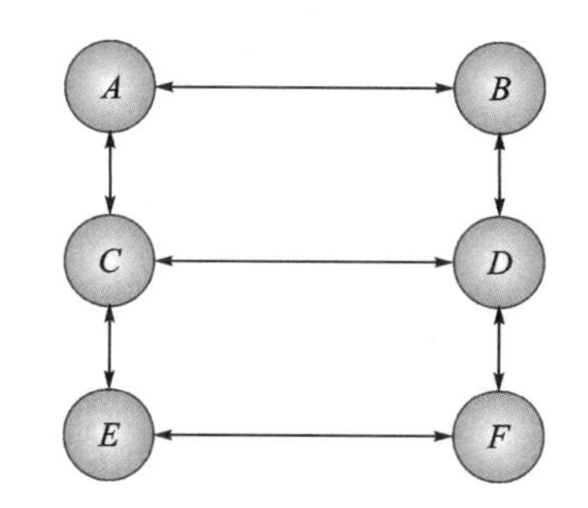

图 7-17 拓扑地图建模法示意图

7.2.3 模型建立

假设水面无人船自主航行在一个二维空间中，且空间及障碍物大小已定，障碍物数量也已定。如果用一个质点来代替水面无人船的运动，就知道无人船的路径就是在一个在已知数量的障碍物的空间环境中，搜寻一条从起点至终点的最优路径。

本节构建的环境模型是导航点模型，如图 7-18 所示。起点坐标为(0.0,0.5)，终点坐标为(4.8,5.9)，各种障碍物用数学式可以表达为

$$(x-a)^2+(y-b)^2=R^2 \tag{7-5}$$

式中：(a,b)表示障碍物圆心坐标；R 表示障碍物半径。

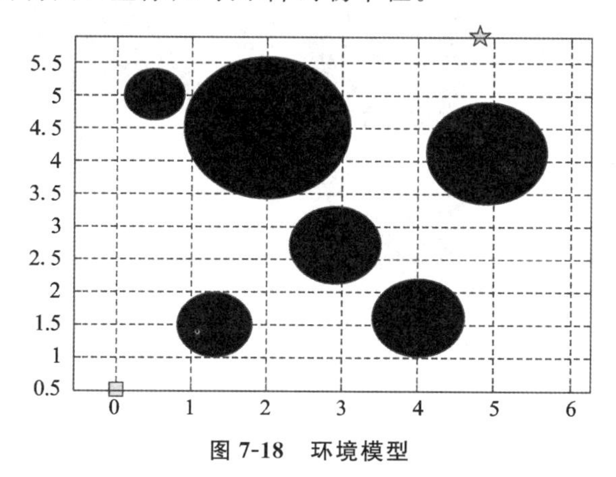

图 7-18 环境模型

7.2.4 仿真实验

通过上述的基础理论的介绍及环境模型的建立，下面为了验证基于新改进粒子群算法的水面无人船路径规划效果，环境地图的搜索空间范围设置为 10 cm×10 cm，起点的坐标为 $s(0.0,0.5)$，终点的坐标为 $t(4.8,5.9)$，学习因子 $c_1=c_2=1.5$。标准粒子群算法的参数 $w=0.7$，$c_1=c_2=1.5$。其他参数都相同，数值为：种群规模 $N=100$，粒子维数

$D=5$，最大迭代次数 $D_{max}=50$，粒子的最大速度值 $v_{max}=5$，最小速度值为 $v_{min}=-v_{max}$。下面就基于准粒子群算法、惯性权重线性递减粒子群算法、随机惯性权重粒子群算法、双参数改进粒子群算法分别在三种不同的环境下进行路径规划，其仿真结果如下。

环境一，如图 7-19、图 7-20、图 7-21、图 7-22 所示。

此环境是在障碍物较少的作业环境中所进行的路径规划，共有 3 个障碍物，障碍物坐标分别是(1.5,4.2)、(1.2,1.4)、(5.0,4.0)，半径分别是 1.2 cm、0.7 cm、0.9 cm。

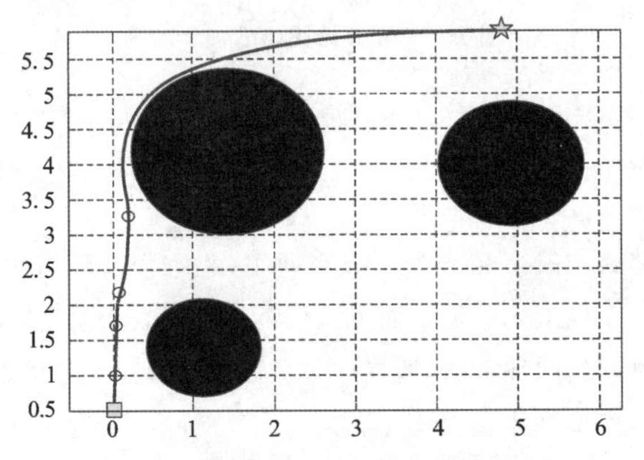

图 7-19　基于标准粒子群算法的路径规划

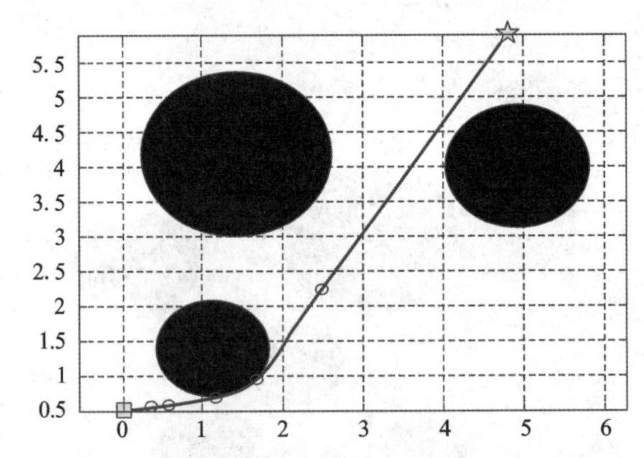

图 7-20　基于惯性权重线性递减粒子群算法的路径规划

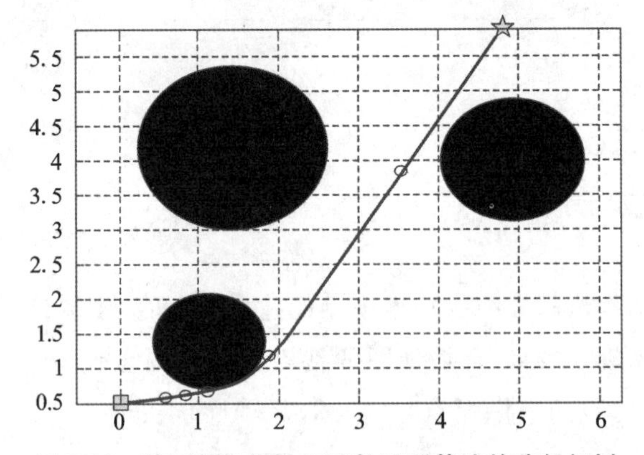

图 7-21　基于随机惯性权重粒子群算法的路径规划

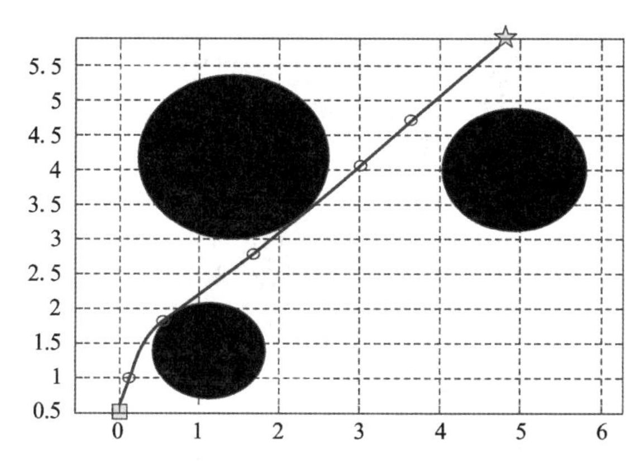

图 7-22　基于双参数改进粒子群算法的路径规划

在较简单的障碍物环境下，图 7-19 的路径长度为 9.35 cm，耗时为 9.62 s，引入 PSO。图 7-20 的路径长度为 7.93 cm，耗时为 6.13 s，引入 W1PSO。图 7-21 的路径长度为 7.88 cm，耗时为 6.06 s，引入 W2PSO。图 7-22 的路径长度为 7.48 cm，耗时为 5.96 s，引入 WCPSO。

环境二，如图 7-23、图 7-24、图 7-25、图 7-26 所示。

此环境是在障碍物较多的作业环境中所进行的路径规划，共有 6 个障碍物，障碍物坐标分别是(0.5,5.0)、(2.0,4.5)、(1.3,1.5)、(2.9,2.7)、(4.0,1.6)、(4.9,4.1)，半径分别是 0.4 cm、1.1 cm、0.5 cm、0.6 cm、0.6 cm、0.8 cm。

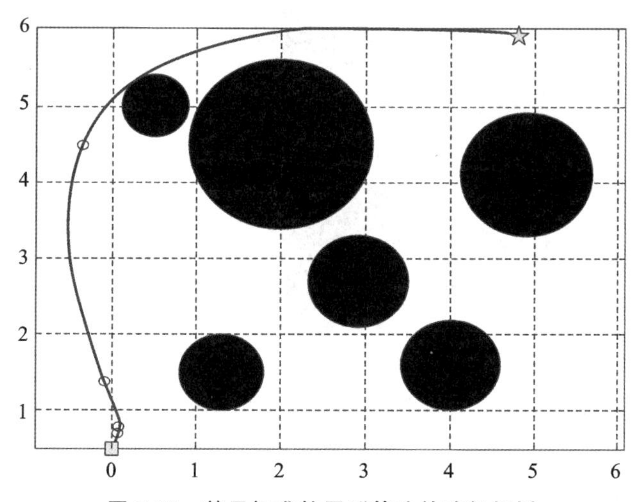

图 7-23　基于标准粒子群算法的路径规划

在较多的障碍物环境下，图 7-23 的路径长度为 9.15 cm，耗时为 6.18 s，引入 PSO。图 7-24 的路径长度为 9.12 cm，耗时为 6.09 s，引入 W1PSO。图 7-25 的路径长度为 7.82 cm，耗时为 5.51 s，引入 W2PSO。图 7-26 的路径长度为 7.49cm，耗时为 5.16 s，引入 WCPSO。

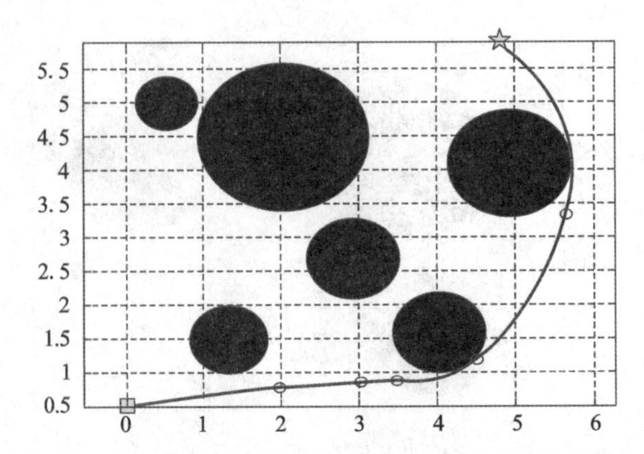

图 7-24　基于线性权重线性递减粒子群算法的路径规划

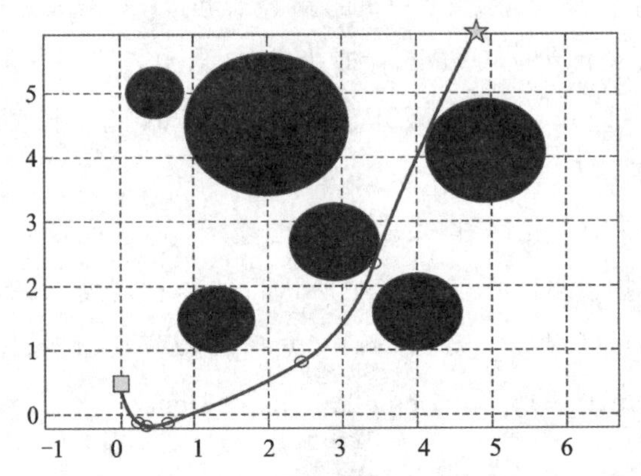

图 7-25　基于随机惯性权重粒子群算法的路径规划

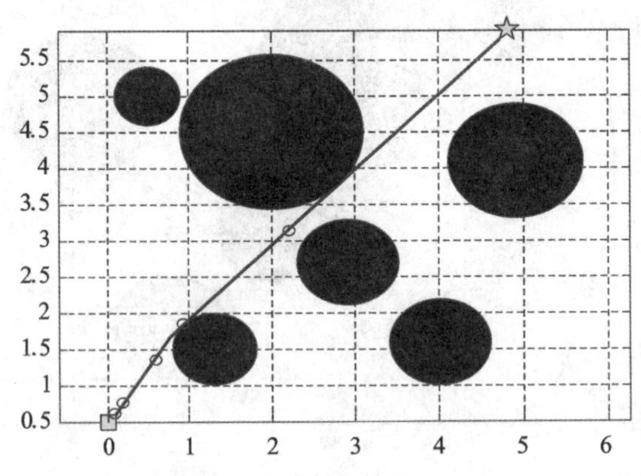

图 7-26　基于双参数改进粒子群算法的路径规划

环境三，如图 7-27、图 7-28、图 7-29、图 7-30 所示。

此环境是在障碍物复杂的作业环境中所进行的路径规划，共有 10 个障碍物，障碍物坐标分别是(0.0,6.5)、(0.2,2.4)、(1.0,4.0)、(1.9,5.1)、(2.8,2.6)、(4.5,4.1)、(3.5,5.5)、(5.6,3.3)、(6.9,1.8)、(5.4,4.3)，半径分别是 0.5 cm、0.5 cm、0.5 cm、

0.7 cm、1.3 cm、0.5 cm、0.9 cm、0.4 cm、0.8 cm、0.3 cm。

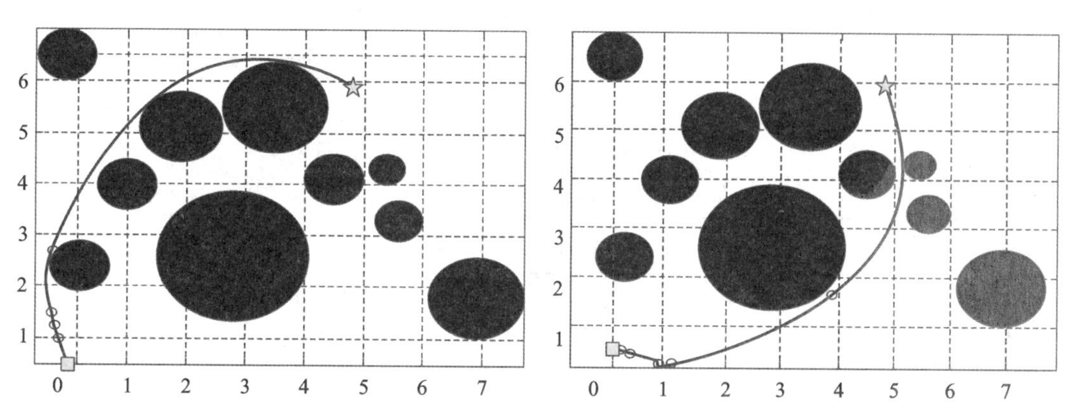

图 7-27　基于标准粒子群算法的路径规划　　图 7-28　基于惯性权重线性递减粒子群算法的路径规划

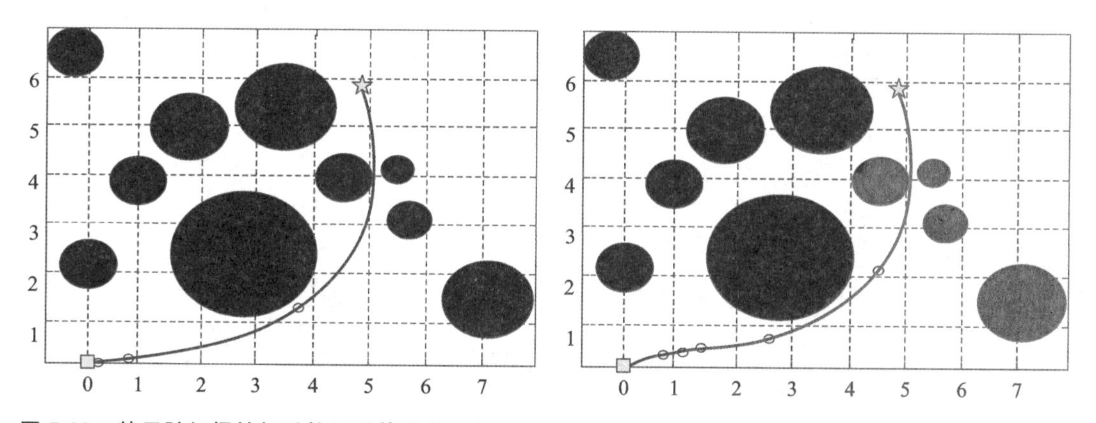

图 7-29　基于随机惯性权重粒子群算法的路径规划　图 7-30　基于双参数改进粒子群算法的路径规划

在障碍物较复杂的环境下，图 7-27 的路径长度为 9.45 cm，耗时为 6.86 s，引入 PSO。图 7-28 的路径长度为 9.39 cm，耗时为 6.83 s，引入 W1PSO。图 7-29 的路径长度为 9.07 cm，耗时为 6.74 s，引入 W2PSO。图 7-30 的路径长度为 7.82 cm，耗时为 6.12 s，引入 WCPSO。

由图 7-19 至图 7-22 可以看出，相较于标准粒子群算法，其他三种改进的算法在较少障碍物的情况下的路径规划，不论在路径长度还是耗时上都是有所改善的，且三种改进的算法在路径长度还是耗时上都差不多。由图 7-23 至图 7-26 可以明显看出，基于双参数改进的粒子群算法路径规划，不论在路径长度还是耗时上明显优于其他三种算法。由图 7-27 至图 7-30 可以看出，基于双参数改进的粒子群算法路径规划，在路径长度和耗时上相较于其他三种算法都是有所改善的。

表 7-3、表 7-4、表 7-5 为四种算法在三种不同环境下的仿真结果对比。

表 7-3　环境一的仿真结果对比

算法	最优路径长度/cm	成功次数/次	成功率/%	平均长度/cm	平均时间/s
PSO	9.35	82	82	13.2617	9.62
W1PSO	7.93	87	87	7.2582	6.13
W2PSO	7.88	86	86	7.2884	6.06
WCPSO	7.48	93	93	9.3398	5.96

表 7-4　环境二的仿真结果对比

算法	最优路径长度/cm	成功次数/次	成功率/%	平均长度/cm	平均时间/s
PSO	9.15	78	78	12.5374	6.18
W1PSO	9.12	84	84	11.4281	6.09
W2PSO	7.82	85	85	11.4141	5.51
WCPSO	7.49	89	89	7.6887	5.16

表 7-5　环境三的仿真结果对比

算法	最优路径长度/cm	成功次数/次	成功率/%	平均长度/cm	平均时间/s
PSO	9.45	75	75	13.1511	6.86
W1PSO	9.39	84	84	12.0786	6.83
W2PSO	9.07	88	88	12.6364	6.74
WCPSO	7.82	90	90	7.3887	6.12

在三种不同的环境下，对给出了四种算法运行 100 次的数据统计结果对比，由表7-3、表 7-4、表 7-5 可知，对于基于惯性权重线性递减粒子群路径规划和基于随机惯性权重粒子群路径规划，都比标准粒子群路径规划在各性能上有改善，且两者对于三种不同数目障碍物环境下所表现的性能差不多。而基于双参数改进粒子群算法的路径规划与基于标准粒子群算法的路径规划、基于惯性权重线性递减粒子群算法的路径规划和基于随机惯性权重粒子群算法的路径规划相比，不管是在路径规划的长度上，还是在路径规划的时间上，都能很好地降低了路径规划的长度和时间，平衡了全局于局部的搜索能力，提高了寻优成功率，并且成功率也是保持在较高的水平，且在第三种环境下更加明显。

7.3　基于蚁群算法的无人水下航行器路径规划

7.3.1　蚁群算法的路径规划设计

本节从多个参数的设置方面对节点的选择进行分析，包括对启发函数的建立、状态转移规则、信息素初始化及更新规则，以及利用蚁群算法分析路径规划的过程进行解释。

1. 启发函数

在蚁群算法中加入启发函数可以有效提高可扩展节点的转移概率，缩短蚁群算法的运行时间。因为本节的研究目的是将无人水下航行器(UUV)移动到终点，所以下一步扩展的节点离终点的距离对算法有着重要影响。将启发函数设置为当前节点到目标节点距离的倒数，设定一个节点 a_i 的坐标为(x_i, y_i)，目标点坐标对应为(x_j, y_j)，则该节点处的启发因子可表示为

$$\eta_i=\frac{1}{\sqrt{(x_i-x_j)^2+(y_i-y_j)^2}} \tag{7-6}$$

不难看出，当 UUV 所在节点与目标节点的距离越小时，启发函数的值越大，UUV 就会有更大的机会移动到这个节点。

2. 状态转移规则

UUV 从当前节点移动到临近节点的概率主要是通过信息启发因子和期望启发因子共同决定，可知蚂蚁 k 从节点 i 转移到节点 j 的概率为

$$P_{ij}^k(n)=\begin{cases}\dfrac{[\tau_{ij}(t)]^\alpha\cdot[\eta_{ij}(t)]^\beta}{\sum\limits_{s\in \text{allowed}_k}[\tau_{is}(n)]^\alpha\cdot[\eta_{is}(n)]^\beta}, & j\in \text{allowed}_k\\ 0, & j\notin \text{allowed}_k\end{cases} \tag{7-7}$$

式中，α 为信息启发因子，该值越大，信息素浓度在选择节点时所占比例越大；β 为期望启发因子，该值越大，启发函数在选择节点时所占比例越大；$\tau_{ij}(n)$为算法运行到第 n 次时节点 i 与节点 j 两点之间的信息素浓度大小；$\eta_{ij}(n)$为启发函数，在本节中，其值设定如式(7-6)；allowed_k表示节点 i 所有相邻可行节点的集合，如图 7-31 所示，其中 W 为当前节点，假设 1、2 节点已经经历过，则可行节点集合为[3,4,5,6,7,8]。

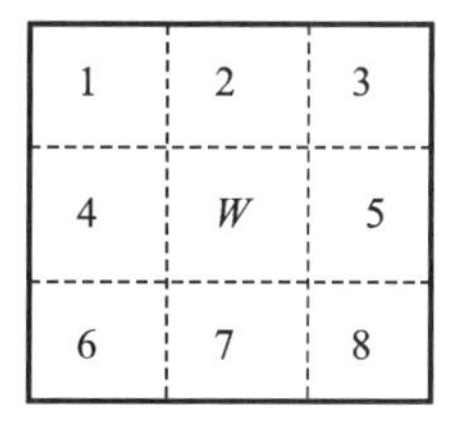

图 7-31 相邻节点

3. 信息素初始化及更新规则

1)信息素初始化

本节选择使用的障碍物环境规划方法为栅格法，根据所设的网格的大小、出发点和终点对所有网格进行序号排序。因为本节中规划障碍物环境的行数等于其列

数，所以可以建立一个 $M\times M$ 的信息素矩阵 $\boldsymbol{\tau}_{\mathrm{au}}$，初始信息素矩阵中的数都规定为同一个定值。

2)信息素更新规则

本节对信息素更新选择使用的是全局更新方式，全局路径更新方式的公式如下：

$$\tau_{ij}(n+1)=(1-\rho)\cdot\tau_{ij}+\rho\Delta\tau_{ij}(n) \tag{7-8}$$

$$\Delta\tau_{ij}(n)=\sum_{k=1}^{m}\Delta\tau_{ij}^{k}(n) \tag{7-9}$$

$$\Delta\tau_{ij}^{k}(t)=\begin{cases}\dfrac{Q}{L_k},\text{若蚂蚁经过路径}(i,j)\\0,\text{其他}\end{cases} \tag{7-10}$$

式中，$\tau_{ij}(n)$ 表示第 n 次迭代时的信息素浓度，ρ 表示信息素挥发系数，Q 表示信息素加强系数，L_k 表示蚂蚁 k 选择路径的长度。

4. 适应度函数

适应度值是蚁群算法中的一个重要指标，从字面意思就可看出，适应度是指个体蚂蚁对障碍物环境的适应程度。在算法中适应度高的意义是指在第 k 次迭代中跑出最好的一条路径的蚂蚁适应度最高。本节的适应度函数为式(7-11)，其中 C 为路径代价。式(7-12)为本节路径代价的计算公式，length 表示第 k 次迭代得到的路径长度，count 为第 k 次迭代得到路径的拐点个数，δ 为一个常系数。

$$\text{fitness}=C \tag{7-11}$$

$$C=\text{length}+\delta\cdot\text{count} \tag{7-12}$$

大体流程是通过算法得到路径，然后通过路径长度和拐点个数来计算出路径代价，根据路径代价赋予每一个个体对应的适应度，适应度高的个体被保留，通过影响信息素进而影响下一次迭代运算。

5. 算法流程

通过蚁群算法解决路径规划问题的流程图如图 7-32 所示，具体解决流程如下：

步骤 1 根据障碍物环境构建栅格网格，将不可通行栅格设为 1，可通行栅格设为 0；

步骤 2 将 α、β、M、K、$\boldsymbol{\tau}_{\mathrm{au}}$、$\rho$、$Q$ 进行参数初始化；

步骤 3 当第一次迭代开始时，设迭代次数 $k=1$，蚂蚁从起始点出发开始循环；

步骤 4 当前蚂蚁 $k=1$；

步骤 5 得出蚂蚁选择临近节点的转移概率，然后通过轮盘赌法来决定前往哪一个节点；

步骤 6 对蚂蚁当前位置进行分析判断，若在步骤 5 选择的节点上就运行步骤 7，若不在就运行步骤 5；

步骤 7 对完成路径规划的蚂蚁数量进行分析判断，如果全部完成就运行步骤 8，如果没全部完成就运行步骤 5；

步骤 8 将一次循环的路径最优解储存下来，对所有路径上的信息素浓度进行一次更新；

步骤 9 迭代次数 $k=k+1$，对当前的 k 进行分析判断，若等于最大迭代次数 K 就运行步骤 10，若不等于最大迭代次数 K 就运行步骤 4；

步骤 10 得到路径最优解。

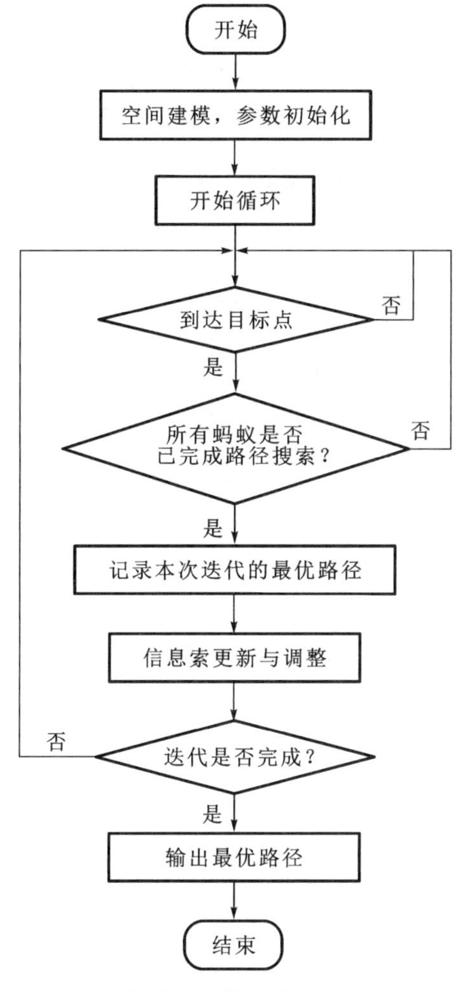

图 7-32 基本蚁群算法路径规划流程图

7.3.2 仿真结果

按照上一节构建的基本蚁群算法路径规划流程图编写程序，分别在 20×20 和 40×40 两个栅格网格中运行。将各参数初始化，如表 7-6 所示。

表 7-6　蚁群算法各参数初始值

参数	最大迭代次数 K	信息启发因子 α	期望启发因子 β	蚂蚁个数 M	信息素挥发系数 ρ	信息素加强系数 Q
数值	150	1	15	50	0.3	1

对 20×20 障碍物栅格网格进行仿真，得到蚁群运动轨迹图(见图 7-33)和收敛曲线变化趋势图(见图 7-34)。

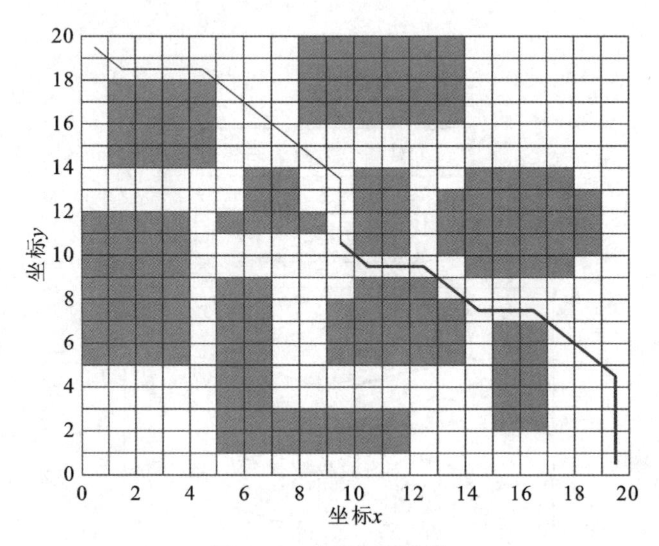

图 7-33　蚁群运动轨迹

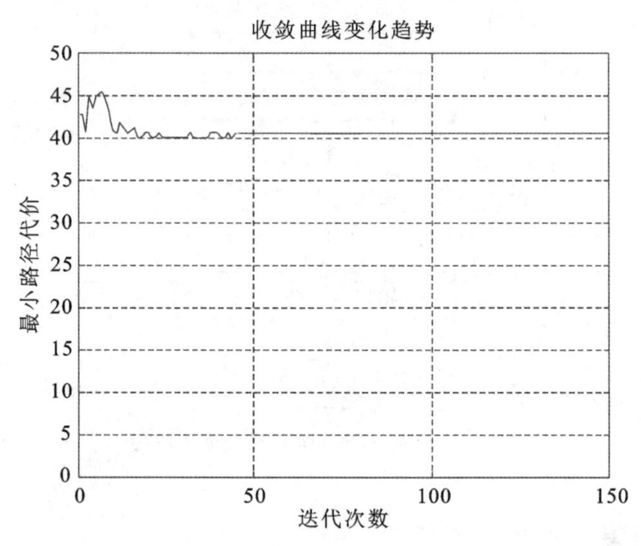

图 7-34　收敛曲线变化趋势

从图 7-33 和图 7-34 可以看出，基本蚁群算法可以在 20×20 障碍物栅格网格中找到路径最优解。算法在进行到第 20 次时已经接近最优解，在迭代到第 45 次时达到稳定，最小路径代价为 41。

对 40×40 障碍物栅格网格进行仿真，得到蚁群运动轨迹图(见图 7-35)和收敛曲线变化趋势图(见图 7-36)。

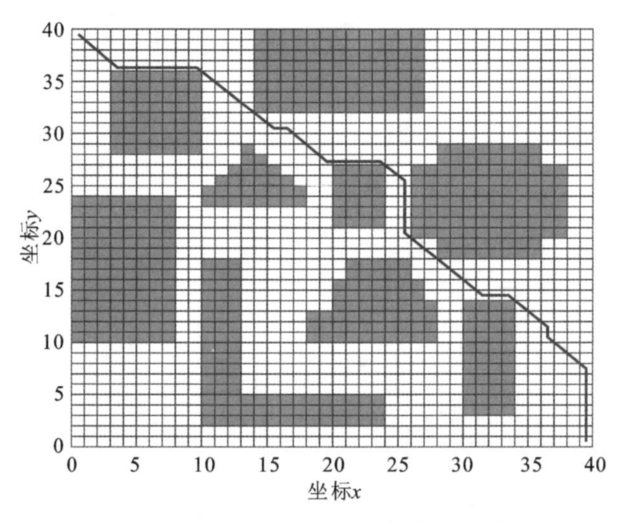

图 7-35 蚁群运动轨迹

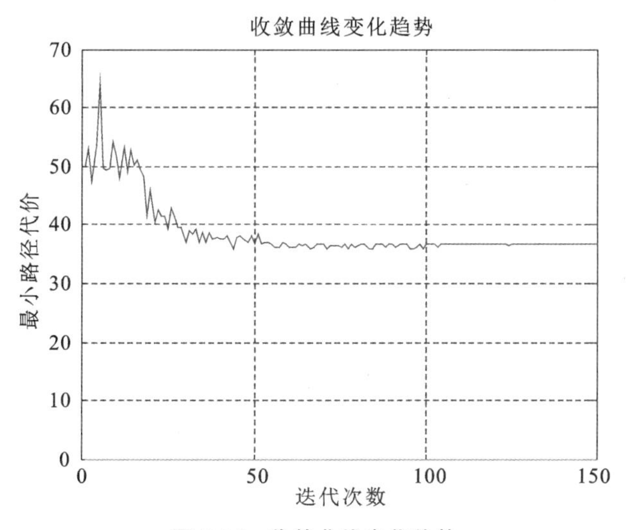

图 7-36 收敛曲线变化趋势

从图 7-35 和图 7-36 可以看出，基本蚁群算法可以在 40×40 障碍物栅格网格中找到路径最优解。算法在进行到第 60 次时已经接近最优解，在迭代到第 104 次时到达稳定，最小路径代价为 37。

综合以上两种不同大小栅格环境下的蚁群运动轨迹可以得到结论：蚁群算法可以实现 UUV 在复杂障碍物环境下的路径规划。

7.4 免疫控制

7.4.1 免疫控制的系统结构

1. 免疫控制的四元结构

智能控制的四元交集结构，把智能控制看作自动控制(AC)、人工智能(AI)，信息论(IT)和运筹学(OR)四个学科的交集。在智能控制四元交集结构的基础上，人们又提出了免疫控制的四元交集结构，认为免疫控制(IMC)是智能控制论(ICT)、人工免疫系统(AIS)、生物信息学(BIN)和智能决策系统(IDS)四个子学科的交集，如图 7-37 所示。

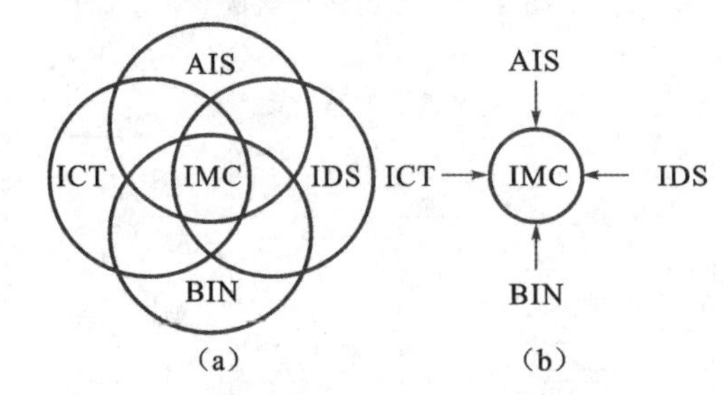

图 7-37　免疫控制的四元结构

与智能控制的四元结构相似，也可以由下列交集公式或合取公式表示免疫控制的结构：

$$IMC = AIS \cap ICT \cap BIN \cap IDS \tag{7-13}$$

$$IMC = AIS \wedge ICT \wedge BIN \wedge IDS \tag{7-14}$$

式中，各子集(或合取项)的含义如下：

AIS 即人工免疫系统(artificial immune system)；

ICT 即智能控制论(intelligent control theory)；

IDS 即智能决策系统(intelligent decision system)；

BIN 即生物信息学(bio－informatics)；

IMC 即免疫控制(immune control)；

∩和∧分别表示交集符合和连词“与”符号。

2. 免疫控制系统的一般结构

免疫控制器因控制任务和采用智能技术的不同，其体系结构也可能有所不同。不过，免疫控制器通常为反馈控制，并一般由三层构成，即底层、中间层和顶层，如图 7-38 所示。反馈信息由控制目标和控制要求决定。控制器底层包括执行模块和监控模块，用于执行控制程序和监控执行结果及系统异常。中间层包括控制模块和计算模块，计算模块用于信号综合、免疫计算和其他智能计算，而控制模块则向执行模块发出控制指令。顶层为智能模块，是控制器的决策层，提供免疫算法类型、系统任务和相关智能技术，用于模拟人类的决策行为。

图 7-39 为免疫控制系统原理的结构框图，图中的免疫控制器与图 7-38 一致。一般来说，免疫控制为反馈控制，其具体反馈信号视控制对象和系统要求而定。

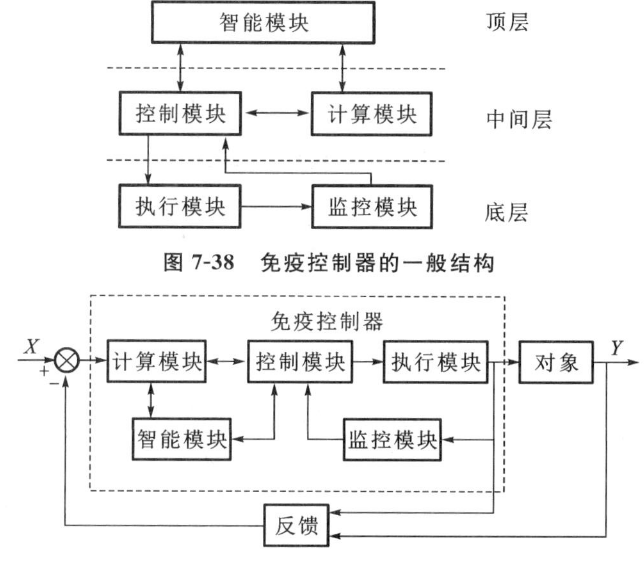

图 7-38　免疫控制器的一般结构

图 7-39　免疫控制系统原理框图

图 7-40 表示基于正常模型免疫 PID 控制系统结构。图中，计算模块为自体/异体检测模块，智能模块为未知异体学习模块，监控模块为异体消除模块，而这里的控制器为 PID 控制器。也就是说，本免疫控制器以 PID 控制器为中心，以免疫机制为核心技术，对受控对象实行免疫控制。

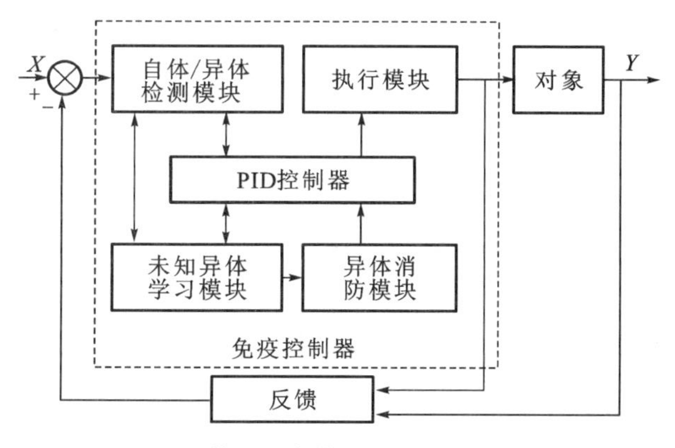

图 7-40　基于正常模型免疫 PID 系统结构

7.4.2 免疫控制的自然计算体系和系统计算框图

1. 免疫控制的自然计算体系结构

自然界中,一些生物如人类、哺乳动物、鸟类、昆虫、蚊子和农作物等,它们的免疫系统中存在自然计算。基于自然计算的映射模型,2003 年人们提出了一种用于免疫控制的自然计算结构,如图 7-41 所示。免疫系统提供高级的控制策略,它们由自然免疫系统激发,能够反映环境。

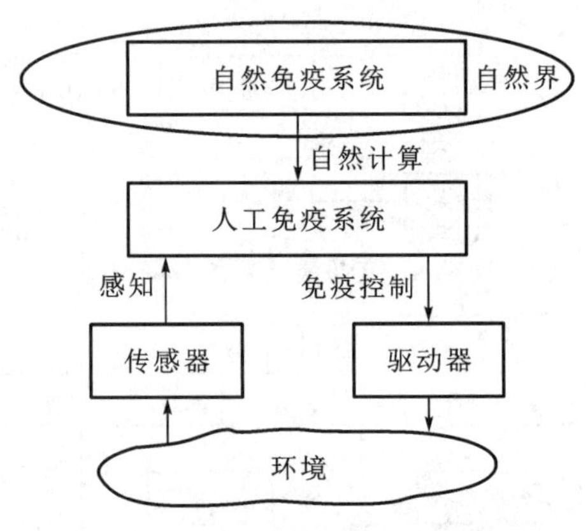

图 7-41 免疫控制的自然计算体系结构

免疫控制主要应用于异常检测、故障诊断和系统故障恢复等。来自环境的传感信息和免疫控制系统的正常模型被编码为人工免疫系统的自体或异体。因此,免疫控制的目的是使异体之和为最小直至 0,以及人工免疫系统中出现的自体为最大直至 100%,分别称这两个作用为免疫化和正常化(标准化)。

2. 免疫控制系统的计算框图

如前所述,根据控制对象和控制要求的不同,可能采用不同类型的免疫算法。不过,从一般计算流程原理看,各种免疫控制系统的计算都是一致的。图 7-42 给出免疫控制系统的一般计算框图。首先是要搜索系统的控制任务,明确要求,并用于设置系统的控制目标;然后,控制系统自动选择控制策略,采用相应的最佳或合适的控制算法,选择并确定出应采取的智能控制;最后,系统经运行而产生出计算结果。这个结果可以通过包括反馈、前馈和其他方法反复调整,直至满意为止。图中未表示出这种调整作用。

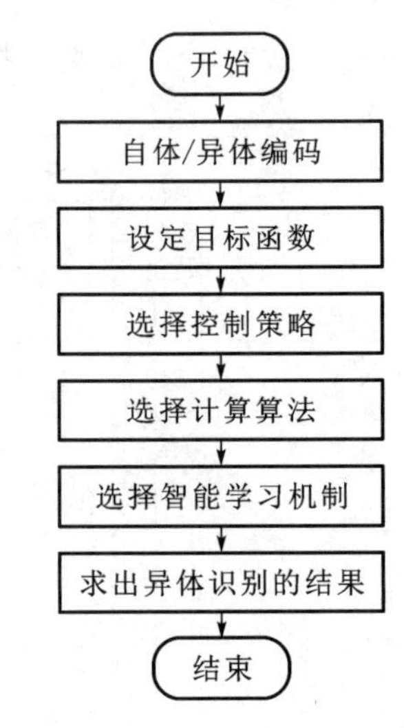

图 7-42 免疫控制系统的一般计算流程

7.5　基于蚁群算法的PID控制器参数整定及仿真

群体智能一直是近年来人们研究的热门课题，各种各样的群智能算法涌现出来，通过对生物群体的模拟等方法产生了蚁群算法、微粒群算法、粒子群算法和鱼群算法等。这类智能算法被广泛地用于解决各种实际问题，它们通过构建数学模型来分析实际问题，通过简单快捷的数学计算将复杂的问题解决。蚁群算法PID正式通过蚁群来模拟三个参数的择优过程，通过不断地选择和替换，最终得到所需要的最优参数。

7.5.1　基于ACO的PID控制器参数整定

1. 用ACO算法来表述PID的三个控制参数

设计如下：对于PID控制器的三个参数 K_p、K_i、K_d，设它们的每个值（包括整数部分和小数部分）都是取5位有效数字。按照以往整定参数得来的经验，K_p 一般为2位整数、3位小数，而 K_i、K_d 则都是1位整数、4位小数。这样就可以按照 K_p、K_i、K_d 这样的顺序链接15个数字（去掉小数点），那么就可以得到一组 $L=15$ 的序列，下面以图7-43为例：首先构建一个序列 $\{x_i, i=1,2,\cdots 15\}$，而 x_i 所对应的取值为 $\{y_{i,j}, j=0,1,\cdots,9\}$，这种对应关系就形成了一个二维坐标图，其中 x_i 为横坐标轴，$y_{i,j}$ 为纵坐标轴，那么图7.43中任意一点就可以记作 $K(x_i, y_{i,j})$。通过图7.43可以读出一个序列为{1 5 2 7 4 5 3 6 5 3 4 6 7 4 3}，每五位数字对应一个参数。这样得出的三个参数分别为 $K_p=15.274$，$K_i=5.3653$，$K_d=4.6743$，而图中的点连成的线则可以看作是蚂蚁的移动路径。以上便是用蚁群算法的基本思想来构建三个参数的过程。

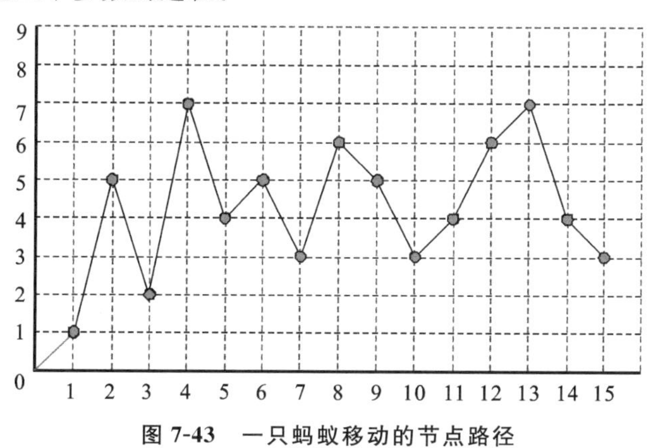

图7-43　一只蚂蚁移动的节点路径

2. 建立目标函数

为了确保系统具有一个优越的性能，选择一个适当的目标函数（反映性能指标）是至关重要的。设计的控制系统所需要考虑的因素有控制输出量 $u(t)$、误差量$e(t)$以及上升时间 t_u，因此本设计中选择了下面的这个函数来衡量系统的性能优劣：

$$J=\sum_{i=0}^{\infty}(w_1\mid e(i)\mid+w_2u^2(i))+w_3t_u \tag{7-15}$$

由于系统会出现超调的情况，在这个设计中选择了一个指标 $ey(i)$，用来避免超调情况，同时起到调节抑制的作用，这样更新后的性能指标函数如下：

$$J=\sum_{i=0}^{\infty}(w_1\mid e(i)\mid+w_2u^2(i)+w_4\mid ey(i)\mid)+w_3t_u,\ ey(i)<0 \tag{7-16}$$

在这里引入了 4 个权值，分别为 w_1、w_2、w_3、w_4，其中 $w_4\geqslant w_1$；对于 $ey(i)$，设定 $ey(i)=y(i)-y(i-1)$。

3. 路径的形成

下面来介绍整个设计中最为重要的一步——构建路径。先假定每只蚂蚁从某一路段 L_i 的前一个节点移动到它的下一个节点所耗费的时间是一样的，与各节点之间的距离无关。那么，所有的蚂蚁同一时刻从坐标原点 O 出发，遵循一个随机概率来选择它们的下一个目标节点$(x_i,y_{i,j})$，当然它们是同时到达并再次选择，直至它们到达最终节点$(x_{15},y_{15,j})$完成一次寻优。它们的选择概率可以设定按下面的公式来计算：

$$P_k(x_i,y_{i,j},t)=\frac{\tau^{\alpha}(x_i,y_{i,j},t)\eta^{\beta}(x_i,y_{i,j},t)}{\sum_{j=0}^{9}\tau^{\alpha}(x_i,y_{i,j},t)\eta^{\beta}(x_i,y_{i,j},t)} \tag{7-17}$$

上面的公式中 $P_k(x_i,y_{i,j},t)$所指的是第 k 只蚂蚁在时刻 t 选择下一个节点的概率，在 t 时刻蚂蚁在节点$(x_i,y_{i,j})$上所遗留的信息素由 $\tau(x_i,y_{i,j},t)$表示，而 $\eta(x_i,y_{i,j},t)$则是 t 时刻节点$(x_i,y_{i,j})$信息素的遗留浓度。假定在初始时刻每个节点上的信息素的量是一样的，记为常数 C，即 $\tau(x_i,y_{i,j},0)=C$。上式中的 α 指的是在各个节点上信息素受到的重视程度，α 的取值越大，蚂蚁在第二次遍历时选择前次路径的概率则越高（但是当取值超出一定范围就会出现前面介绍过的局部最优解）；β 指的是重视启发类信息的程度，β 值的取值大小很大程度上决定了蚂蚁选择路径的远近，值越大则越近，反之则越远。而对于各个节点信息素浓度 $\eta(x_i,y_{i,j},t)$，可根据下列公式计算：

$$\eta^{\beta}(x_i,y_{i,j},t)=\frac{10-\mid y_{i,j}-y_{i,j}^{*}\mid}{10} \tag{7-18}$$

式中，$y_{i,j}^{*}$最初为初始时刻 $t=0$ 的 $y_{i,j}$，此后每一个时刻的 $y_{i,j}^{*}$则为上一时刻的 $y_{i,j}$。

4. 信息素的更新

在初始时刻 $t=0$，所有的蚂蚁都在起始点，经过 15 个单位时间的路径选择到达终点

$(x_{15}, y_{15,j})$后，完成一次择优循环。此时任意一个节点$(x_i, y_{i,j})$上的信息素随着蚂蚁的遍历都发生了变化，同时浓度是不同的，而信息素的变更取决于下列公式：

$$\tau(x_i, y_{i,j}, t+15) = \rho\tau(x_i, y_{i,j}, t) + \Delta\tau(x_i, y_{i,j}) \tag{7-19}$$

$$\Delta\tau(x_i, y_{i,j}) = \sum_{k=1}^{m} \Delta\tau_k(x_i, y_{i,j}) \tag{7-20}$$

$$\Delta\tau(x_i, y_{i,j}) = \begin{cases} \dfrac{Q}{F_k}, & \text{第 } k \text{ 只蚂蚁在本次走到点}(x_i, y_{i,j}) \\ 0, & \text{蚂蚁在起始点} \end{cases} \tag{7-21}$$

式中，蚂蚁的总数记为 m，而 ρ 指的是信息素的保留率。F_k 则指的是在这一轮循环中，第 k 只蚂蚁的性能指标函数的取值，这个取值可以按照公式来计算。

5. 步骤

基于蚁群算法的 PID 参数寻优步骤如下：

(1)设定初始解 K_p、K_i、K_d，以及性能指标函数的各个参数 α、β 和 ρ、C、Q 等信息素的参数。

(2)假定蚂蚁的蚁群总数为 m，记单只蚂蚁为 $k(k=1,2,\cdots,m)$。对应每只蚂蚁定义一个一位数组，记为 $Path_k$，这个数组含有 15 个元素，这 15 个元素代表的是第 k 只蚂蚁经过的路径上的节点 $y_{i,j}$ 的值，也就是每次寻优得到的 15 个点。

(3)记迭代次数为 N_c，设 $N_c=0$，时间 $t=0$，记最大迭代次数为 N_{cmax}，并设一个初值。令每个节点的初始值为 $\tau(s_i, y_{i,j}, 0)=C$，$\Delta\tau(x_i, y_{i,j})=0$，同时将 m 只蚂蚁置于起点处。

(4)先令变量 $i=1$.

(5)根据公式得出每只蚂蚁的移动概率，根据这个概率选用赌轮法来选择蚂蚁将要转移到哪一个节点，并使蚂蚁爬到该节点，然后将节点坐标存入一位数组 $Path_k$ 中。

(6)令 $i=i+1$，当 $i\leqslant 15$ 时，则跳至步骤(5)；反之，跳至步骤(7)。

(7)将 $Path_k$ 中的元素通过计算得到 K_p、K_i、K_d 三个参数，根据公式计算出第 k 只蚂蚁的 F_k，并记录本次循环中的最优路径，再把最优路径所对应的三个参数值分别存入 K_p^*、K_i^*、K_d^* 中。

(8)令 $t=t+15$，$N_c=N_c+1$，按照公式逐个更新节点上的信息素，同时置 $Path_k$ 中的元素为零。

(9)如果 $N_c<N_{cmax}$，并且 m 只蚂蚁并没有收敛至同一个路径，那么将所有蚂蚁重新置于起点处从步骤(4)重新开始；如果 $N_c<N_{cmax}$ 且 m 只蚂蚁收敛至同一个路径，则寻优结束，此时输出最优路径及所对应的三个参数 K_p^*、K_i^*、K_d^*。

7.5.2　仿真结果及分析

仿真时选取的传递函数为

$$G(s)=\frac{400}{s^2+50s}$$

同时选择了遗传算法优化 PID 的参数与蚁群算法优化 PID 的参数作比较。首先，设定参数，性能指标函数中的各个权值选取如下：

$$\alpha=0.9,\ \beta=2,\ \rho=0.1,\ m=20,\ C=10000$$

$$w_1=0.999,\ w_2=0.001,\ w_3=20,\ w_4=100,\ t_u=1$$

最后的仿真图如图 7-44 所示。

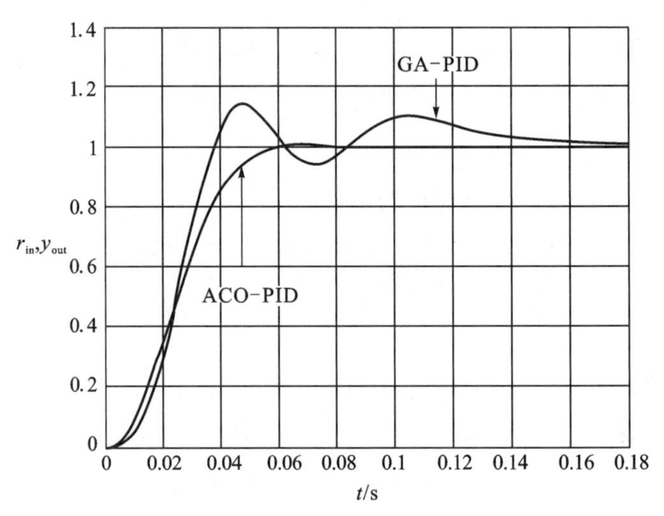

图 7-44　遗传算法与蚁群算法的 PID 仿真图

由图 7-44 所见，基于同样的传递函数，蚁群算法设定合理的参数后，得到的优化效果要比遗传算法优化的结果更好，能更快地寻找到最优解。

综合智能算法在电力参数分析中的应用

8.1 船舶电力系统电力信号模型与电力参数分析方法

在船舶电力系统标准运行状态下，电力系统电流信号可表示为

$$f_0(t)=A_0\sin(2\pi f_0 t+\varphi_0) \tag{8-1}$$

式中：$f_0(t)$为电力信号瞬时值；A_0 为信号幅值；f_0 为系统频率；φ_0 为电流初相角。

在系统出现故障、暂态、谐波、扰动的情况下，在电力信号中除含有基波分量外，还含有谐波、间谐波分量和具有不确定幅值和衰减率的衰减直流分量，所以其信号模型可以表示为

$$f(n)=Ae^{-t/\tau}+\sum_{m=1}^{M}A_m\sin(2\pi f_m t+\varphi_m)=Ae^{-t/\tau}+\sum_{m=1}^{M}(a_m\cos 2\pi f_m t+b_m\sin 2\pi f_m t) \tag{8-2}$$

$$a_m=A_m\sin\varphi_m \tag{8-3}$$

$$b_m=A_m\cos\varphi_m \tag{8-4}$$

式(8-2)中：若信号中不含有间谐波，则 $f_m=mf_1$ 为各次谐波频率，m 为正整数，f_1 是基波频率；a_m，b_m 是各频率分量的正弦分量和余弦分量；A 和 τ 分别是衰减直流分量的初始值和衰减常数。

8.1.1 采用遗传算法的电力参数分析方法

电力系统电力信号模型如式(8-2)所示，考虑信号中不含间谐波，记 T_S 为信号采样时间间隔，每个周期采样 N 个点。若信号基频分量的实际周期 T_1 不等于 T_S 的整数倍，将产生非同步采样误差。引入采样非同步度 $\lambda_0=\dfrac{NT_S}{T_1}$，量纲为1，将 λ_0 代入式(8-2)并令

$t=nT_S$，整理后可得

$$f(n)=Ae^{-nT_S/\tau}+\sum_{m=1}^{M}A_m\sin\left(\frac{2\pi}{N}\lambda_0 mn+\varphi_m\right) \tag{8-5}$$

式中：$n=1,2,3,\cdots$。

由此可见，采样点实际上为电力信号各频率分量的幅值、相位、直流衰减参数及基频分量的周期 T_1（亦可为采样非同步度 λ_0）的共同函数，将式(8-5)简记为

$$F_n(X)=f_n(x_1,x_2,\cdots,x_i,x_M)-f(n)=0 \tag{8-6}$$

式中：$n=1,2,\cdots,L$；x_i 表示 $A,A_m,T_1(\lambda_0),\varphi_m,\tau$ 等待求参数。

由式(8-6)得到的关于电气幅值、相位及各种误差参数的非线性方程组即为求解目标，方程组个数为 L，也等于待求参数个数。

采用遗传算法搜索时，需将方程组转化为一个等价的极值优化问题，将式(8-6)等价为

$$\begin{cases}\text{find}: X=[x_1,x_2,\cdots,x_L],\ X\in\Phi \\ \min: F(X)=\sqrt{\sum\limits_{n=1}^{L}F_n^2(X)}\end{cases} \tag{8-7}$$

式中：Φ 为方程组解区；当 $F(X)$ 最小为 0 时，所对应的 X 即为方程组的解。

基于遗传算法的电力参数分析方法的流程图如图 8-1 所示。

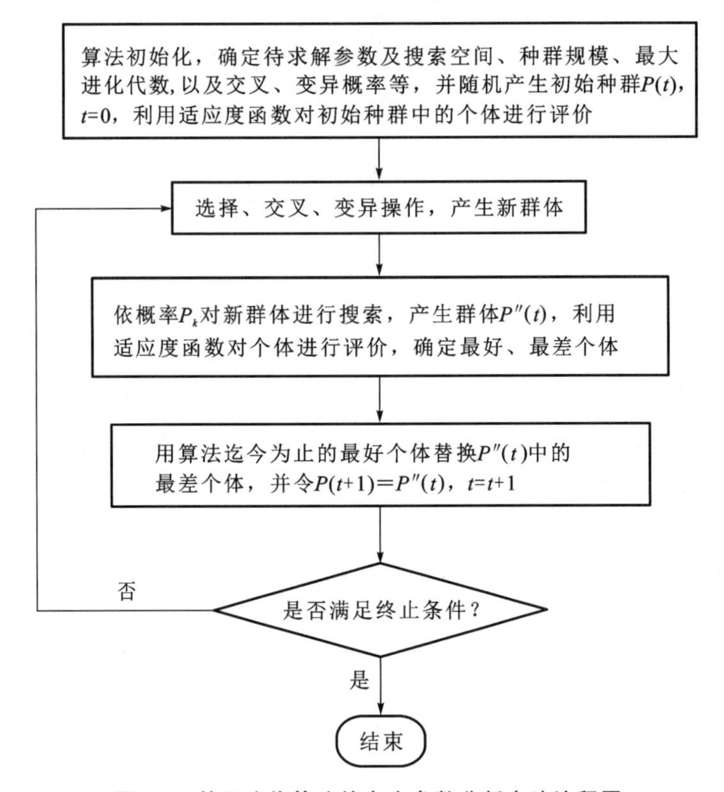

图 8-1　基于遗传算法的电力参数分析方法流程图

8.1.2 采用 Adaline 神经网络的电力参数分析方法

船舶电力系统电力信号模型中，衰减直流分量由 Taylor 级数表示为

$$Ae^{-t/\tau} = A - A\lambda_1 t + \sum_{n=2}^{\infty} A\frac{(-\lambda_1 t)^n}{n!}\left(\lambda_1 = -\frac{1}{\tau}\right) \tag{8-8}$$

在工程计算中，一般取衰减直流分量的前两项即可满足计算精度要求，系统的采样周期为 T_S，考虑信号中不含间谐波，则电力信号的离散形式可表示为

$$f(n) = A + nT_S A_0 + \sum_{m=1}^{M}(a_m \cos n\omega_m + b_m \sin n\omega_m) \tag{8-9}$$

式中：$A_0 = -A\lambda_1$，$\omega_m = 2\pi f_m T_S$。显然，由 A、A_0、a_m 和 b_m 可以得到衰减直流分量的参数和各次谐波的幅值，因此电力信号参数的提取实质是根据采样数据估计出参数 A、A_0、a_m 和 b_m。

人工神经网络(artificial neural network，ANN)是模拟人脑组织结构和人类认知过程的信息处理系统，自 1943 年首次提出以来，已迅速发展成为与专家系统并列的人工智能技术的另一个重要分支。

Adaline 神经网络是一种自适应可调的神经网络，由自适应线性单元构成，主要适用于信号处理中的自适应滤波、预测和模式识别。

Adaline 神经网络模型的自适应线性单元在结构上与感知器单元相似，如图 8-2 所示，其中输入向量为 $\boldsymbol{X}=(x_0, x_1, x_2, \cdots, x_n)^{\mathrm{T}}$，权向量 $\boldsymbol{W}=(w_0, w_1, w_2, \cdots, w_n)^{\mathrm{T}}$。

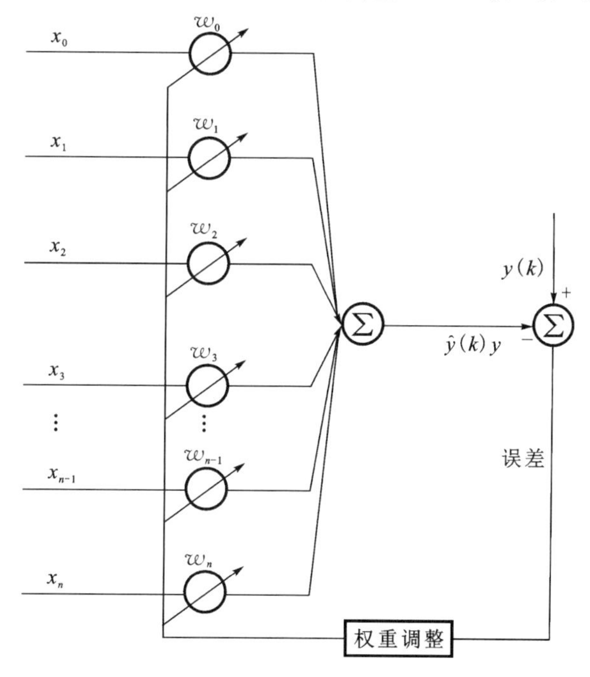

图 8-2　Adaline 神经网络模型

Adaline 有以下两种输出：

(1)当变换函数为线性函数时，输出为模拟量，即

$$y=f(\boldsymbol{W}^{\mathrm{T}}\boldsymbol{X}) \tag{8-10}$$

(2)当变换函数为符号函数时，输出为双极性数字量，即

$$q=\operatorname{sgn}(y)=\begin{cases}1, & y\geqslant 0\\ -1, & y<0\end{cases} \tag{8-11}$$

Adaline 的功能是：将 Adaline 的期望输出与实际的模拟输出相比较，得到一个同为模拟量的误差信号，根据该误差信号不断地在线调整权向量，以保证在任何时刻始终保持期望输出与实际的模拟输出相等，从而可将一组输入模拟信号转换为任意期望的波形。

将 Adaline 神经网络模型应用到对电力信号参数的分析中，其原理如图 8-3 所示，这里实质是将 Adaline 神经网络作为自适应滤波器使用。令输入模式向量和权向量分别为

$$\begin{aligned}\boldsymbol{X}&=[1,nT_{\mathrm{S}},\cos(n\omega_1),\sin(n\omega_1),\cdots,\cos(n\omega_M),\sin(n\omega_M)]^{\mathrm{T}}\\&=[x_{00n},x_{01n},x_{11n},x_{12n},\cdots,x_{M1n},x_{M2n}]^{\mathrm{T}}\end{aligned} \tag{8-12}$$

$$\boldsymbol{W}=[A,A_0,a_1,b_1,\cdots,a_M,b_M]^T=[w_{00n},w_{01n},w_{11n},w_{12n},\cdots,w_{M1n},w_{M2n}]^{\mathrm{T}} \tag{8-13}$$

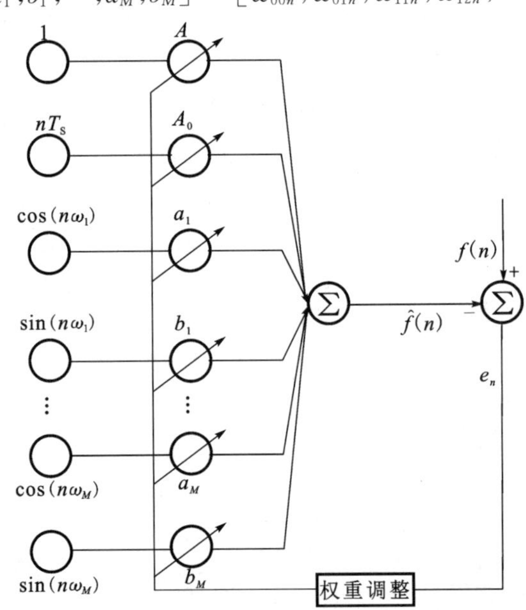

图 8-3 电力系统电力信号参数分析神经网络模型

将实测采样数据 $f(n)$作为期望输出信号与 Adaline 神经网络的输出$\hat{f}(n)$进行比较，根据 $f(n)$与$\hat{f}(n)$的差值按最小均方(LMS)算法调整 Adaline 神经网络的权值$\boldsymbol{W}$。当学习结束后，e_n 达到最小，此时$\hat{f}(n)$逼近 $f(n)$，由 a_m 和 $b_m(m=1,2,\cdots,M)$可以得到各次谐波的幅值。

误差函数为

$$e_n=f(n)-\hat{f}(n) \tag{8-14}$$

性能指标为

$$J=\frac{1}{2}|e_n|^2 \tag{8-15}$$

各权值的调整公式为

$$\begin{cases}\Delta a_m=-\eta_m\dfrac{\partial J}{\partial a_m}=\eta_m\cos(\omega_m n)e_n\\\Delta b_m=-\eta_m\dfrac{\partial J}{\partial b_m}=\eta_m\sin(\omega_m n)e_n\\\Delta A=\eta_A e_n\\\Delta A_0=\eta_{A_0}nT_S e_n\end{cases} \tag{8-16}$$

式中：η_m 对应为 m 次谐波幅值的学习率；η_A 为 A 的学习率；η_{A_0} 为 A_0 的学习率。

8.1.3 采用 Prony 算法的电力参数分析方法

Prony 算法针对等间距采样信号，假设模型是由一系列具有任意振幅、相位、频率和衰减因子的指数函数的线性组合，即

$$\hat{f}(t)=\sum_{m=1}^{M}A_m e^{\alpha_m t}\sin(2\pi f_m t+\varphi_m)=\sum_{m=1}^{M}A_m e^{\alpha_m t}\cos(2\pi f_m t+\varphi'_m) \tag{8-17}$$

式中：A_m 为幅值；f_m 为频率；φ'_m 为初相；$\alpha_m<0$，为衰减因子；m 为正整数；$\varphi'_m=\varphi_m-\frac{\pi}{2}$。

由式(8-17)知，第 n 个采样点的估计值可表示为

$$\hat{f}(n)=\sum_{m=1}^{M}A_m e^{\alpha_m nT_S}\cos(2\pi f_m nT_S+\varphi'_m) \tag{8-18}$$

则估计值 $\hat{f}(n)$ 可表示为

$$\hat{f}(n)=\sum_{m=1}^{M}b_m z_m^n \tag{8-19}$$

式中：

$$b_m=A_m\exp(\mathrm{j}\varphi'_m)/2 \tag{8-20}$$

$$z_m=\exp[(\alpha_m+\mathrm{j}2\pi f_m)T_S] \tag{8-21}$$

Prony 算法的关键在于：式(8-19)是一常系数线性差分方程的解，只需求解出差分方程的系数，即可利用这些系数为参数的多项式方程求出多项式的根 z_m。

(1)令真实的测量数据 $f(n)$ 与其近似值 $\hat{f}(n)$ 之间的差为 $e(n)$，即

$$f(n)=\hat{f}(n)+e(n)\quad(0\leqslant n\leqslant N-1) \tag{8-22}$$

令

$$\sum_{m=0}^{M}a_m z^{p-m}=0\quad(a_0=1) \tag{8-23}$$

$$\xi(n)=\sum_{m=1}^{M}a_m e(n-m) \tag{8-24}$$

$$\hat{f}(n)=-\sum_{m=1}^{M}a_m\hat{f}(n-m)\quad(p\leqslant n\leqslant N-1) \tag{8-25}$$

则有

$$f(n)=-\sum_{m=1}^{M}a_m f(n-m)+\xi(n) \tag{8-26}$$

式中，参数 a_m 可用 AR 模型系数的求解算法求得。

(2)由式(8-26)求出参数 a_m 后，由式(8-21)求出 z_m。

(3)由于 z_m 为已知，则式(8-19)可转化为以 $b_m(m=1,2,\cdots,M)$ 为未知数的线性方程组：

$$\begin{bmatrix} z_1^0 & z_2^0 & \cdots & z_M^0 \\ z_1^1 & z_2^1 & \cdots & z_M^1 \\ \vdots & \vdots & & \vdots \\ z_1^M & z_2^M & \cdots & z_M^M \end{bmatrix}\begin{bmatrix} b_1 \\ b_2 \\ \vdots \\ b_M \end{bmatrix}=\begin{bmatrix} f(0) \\ f(1) \\ \vdots \\ f(M-1) \end{bmatrix} \tag{8-27}$$

那么，此时我们可以使用最小二乘方法确定 b_m。

(4)z_m 和 b_m 都确定后，可由下面的式子求得各振幅、相位、频率及衰减因子：

$$\begin{cases} A_m=|b_m| \\ \varphi'_m=\arctan[\mathrm{Im}(b_m)/\mathrm{Re}(b_m)] \\ \alpha_m=\ln|z_m|/T_S \\ f_m=\arctan[\mathrm{Im}(z_m)/\mathrm{Re}(z_m)]/2\pi T_S \end{cases} \tag{8-28}$$

由以上 Prony 算法可以知道，对于其针对的信号模型，如式(8-17)，若 $m=1$ 时，$f_1=0$，$\alpha_1=0$；若 $m>1$ 时，$\alpha_m=0$，则与本章中电力系统信号模型(如式(8-2))是一致的，本章研究的电力系统模型是 Prony 算法所针对的信号模型中的一个特例。

8.2 基于遗传神经网络的船舶电力信号参数分析方法

近年来，随着人工智能技术的发展，人工神经网络已经被应用于电力系统电力参数分析中。文献[23-25]未考虑衰减直流分量的影响，且采用的神经网络的初始化权值都取随机数，神经网络的学习率都相同，影响了算法的收敛性能；文献[26]在采用神经网络方法进行电力参数分析前，利用正交滤波算子消除了衰减直流分量影响，但未考虑系统频率偏移时对算法的影响；文献[22]建立了电力参数极值优化模型，利用混合遗传算法对该模型进行求解，并同时对多个误差参数加以精确表示，但算法需要采样数据点数较多，且其收敛性能随未知参量增多而降低。针对此类问题，本章考虑电力信号在基波频率发生偏移，且包含衰减直流分量和谐波的情况下，先忽略 5 次以上谐波影响，采用遗传算法结合数字微分对电力系统信号参数进行粗略估计；然后将基波频率也作为待定的权值，同时将得到的估计值作为神经网络训练的初始值，分析信号频率和各次谐波的幅值，并在神经网络学习算法中对各次谐波采用不同的学习率。仿真结果表明，所提方法能准确地提取电力系统电力参数。

8.2.1　采用数字微分结合遗传算法的信号参数粗略估计

若信号中不含间谐波，则式(8-9)的离散形式为

$$f(n) = A\mathrm{e}^{-nT_S/\tau} + \sum_{m=1}^{M}(a_m \cos n\omega_m + b_m \sin n\omega_m) \tag{8-29}$$

式中：T_S 为采样周期；$\omega_m = m\omega_1 = 2\pi m f_1 T_S$。令 f_1 为信号基频。

对于式(8-29)，其二阶、四阶微分为

$$f^{(2)}(n) = A\left(\frac{T_S}{\tau}\right)^2 \mathrm{e}^{-nT_S/\tau} - \sum_{m=1}^{M}\omega_m^2(a_m \cos n\omega_m + b_m \sin n\omega_m) \tag{8-30}$$

$$f^{(4)}(n) = A\left(\frac{T_S}{\tau}\right)^4 \mathrm{e}^{-nT_S/\tau} - \sum_{m=1}^{M}\omega_m^4(a_m \cos n\omega_m + b_m \sin n\omega_m) \tag{8-31}$$

$f(n)$ 对 T_S 的二阶、四阶微分可以分别用以下数字微分求得，即

$$\begin{aligned} f^{(2)}(n) = &\frac{1}{180h^2}\{-490f(n_p) + 270[f(n_p+1) + f(n_p-1)] \\ &-27[f(n_p+2) + f(n_p-2)] + 2[f(n_p+3) + f(n_p-3)]\} \end{aligned} \tag{8-32}$$

$$\begin{aligned} f^{(4)}(n) = &\frac{1}{12h^4}\{112f(n_p) - 78[f(n_p+1) + f(n_p-1)] \\ &+24[f(n_p+2) + f(n_p-2)] - 2[f(n_p+3) + f(n_p-3)]\} \end{aligned} \tag{8-33}$$

式中：h 为 2 个采样点之间的时间间隔，n_p 为数字微分的中心点。由此可得，采样点实际上为系统电流各频率分量的相位、幅值以及系统基频、直流衰减参数的共同函数，由式(8-34)可得到关于各次谐波正弦分量、余弦分量以及各种误差参数的含有 $2M+3$ 个未知数的非线性方程组，该非线性方程组即为本节的求解目标。在同时考虑非同步采样和衰减直流分量时，直接采用遗传算法需要的数据窗长度为 $2M+3$，而采用本章所提算法，数据窗长度只需 $\left[\frac{2}{3}M+1\right]$（取整），即可求得 M 次谐波的幅值、相位和其他参量：

$$\begin{cases} F_{1n}(X) = A\mathrm{e}^{-nT_S/\tau} + \sum\limits_{m=1}^{M}(a_m \cos n\omega_m + b_m \sin n\omega_m) - f(n) = 0 \\ F_{2n}(X) = A\left(\frac{T_S}{\tau}\right)^2 \mathrm{e}^{-nT_S/\tau} - \sum\limits_{m=1}^{M}\omega_m^2(a_m \cos n\omega_m + b_m \sin n\omega_m) - f^{(2)}(n) = 0 \\ F_{3n}(X) = A\left(\frac{T_S}{\tau}\right)^4 \mathrm{e}^{-nT_S/\tau} - \sum\limits_{m=1}^{M}\omega_m^4(a_m \cos n\omega_m + b_m \sin n\omega_m) - f^{(4)}(n) = 0 \end{cases} \tag{8-34}$$

为达到粗略估计信号参数的目的，避免遗传算法因未知参量过多而导致算法不收敛，本章根据船舶电力系统电力信号特点，忽略5次以上谐波，采用遗传算法搜索求解时，将方程组转化为一个等价的极值优化问题，将式(8-34)等价为

$$\begin{cases}\text{find}: X = [A, \tau, f_1, a_1 \sim a_5, b_1 \sim b_5],\ X \in \Phi \\ \min: F(X) = \sqrt{\sum_{n=1}^{L}[F_{1n}^2(X) + F_{2n}^2(X) + F_{3n}^2(X)]}\end{cases} \tag{8-35}$$

式中：Φ 为方程组解区间；当 $F(X)$ 最小为0时，对应的 X 即为方程组的解，$L=5$。

由此我们可以得到：因只需粗略估计而忽略5次以上谐波，可以减少混合遗传算法中的未知参量个数，采用数字微分的方法则可以减少算法需要的数据点数。在此基础上，本章采用文献[22]提出的混合遗传算法对该模型进行求解，该算法流程图如图8-1所示，详细步骤参见文献[22]，在此不再赘述。

8.2.2 基于改进神经网络的电力信号参数精确分析

由8.2.1节，我们可以得到电力信号的离散形式如式(8-34)所示，本章采用基于Adaline神经网络模型1的电力参数分析方法，其原理如图8-4所示。

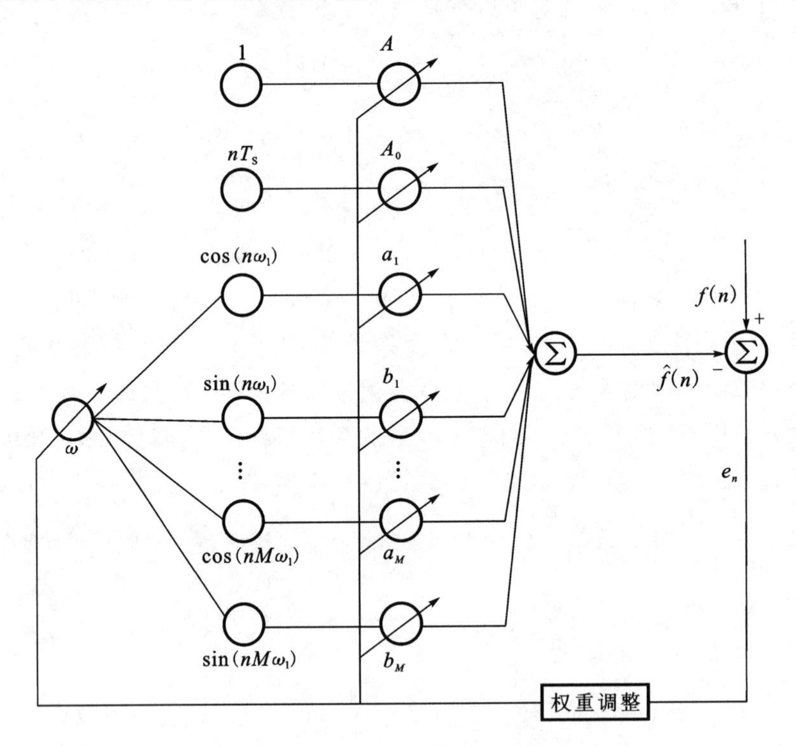

图8-4 改进的电力参数分析神经网络模型1

令输入模式向量和权向量分别为

$$
\begin{aligned}
\boldsymbol{X} &= [1, nT_S, \cos(n\omega_1), \sin(n\omega_1), \cdots, \cos(nM\omega_1), \sin(nM\omega_1)]^T \\
&= [x_{00n}, x_{01n}, x_{11n}, x_{12n} \cdots, x_{M1n}, x_{M2n}]^T
\end{aligned}
\tag{8-36}
$$

$$
\boldsymbol{W} = [A, A_0, a_1, b_1, \cdots, a_M, b_M]^T = [w_{00n}, w_{01n}, w_{11n}, w_{12n}, \cdots, w_{M1n}, w_{M2n}]^T \tag{8-37}
$$

Adaline 神经网络的权值调节算法、误差函数和性能指标如本章 8.1.2 节所述，对于船舶电力系统电力信号较高次谐波而言，其幅值具有随谐波次数增加而减少的特点，因此本章采用在学习算法中对频率权值进行延迟调整，并对对应的各次谐波采用不同的学习率，权值的调整公式为

$$
\begin{cases}
\Delta a_m = -\eta_m \dfrac{\partial J}{\partial a_m} = \eta_m \cos(n\omega_m) e_n \\[2ex]
\Delta b_m = -\eta_m \dfrac{\partial J}{\partial b_m} = \eta_m \sin(n\omega_m) e_n \\[2ex]
\Delta A = \eta_A e_n \\[1ex]
\Delta A_0 = \eta_{A_0} k T_S e_n
\end{cases}
\tag{8-38}
$$

式中：η_A 为 A 的学习率；η_m 为 m 次谐波幅值的学习率；η_{A_0} 为 A_0 的学习率。

信号频率的调整按基波频率计算，得到频率权值的调整量为

$$
\Delta\omega = -\eta_\omega \frac{\partial J}{\partial w} = \eta_\omega n[b_1\cos(n\omega_1) - a_1\sin(n\omega_1)]e_n \tag{8-39}
$$

式中：η_ω 为频率权值的学习率。

由此得到基于神经网络和遗传算法的电力系统电力参数分析算法的具体步骤如下：

(1)采用遗传算法结合数字微分对电力信号参数进行粗略估计，得到 $\omega_1, A, A\lambda, a_1, b_1, \cdots, a_N, b_N (N=5)$ 的估计值，5 次以上谐波的参数按 0 至 0.05 基波估计参数范围随机取值。

(2)将步骤(1)得到的粗略估计参数作为神经网络训练的初始值，确定基波的正弦、余弦分量学习率 η_1，大于 5 次谐波正弦、余弦分量的学习率设定为基波的 0.05，小于 5 次谐波正弦、余弦分量的学习率为 $\eta_m = \eta_1 \left[\dfrac{\hat{a}_m + \hat{b}_m}{\hat{a}_1 + \hat{b}_1}\right]$([]表示以此为取值中心，ˆ表示为粗略估计值)，设定误差准则 ξ 和延迟次数 Q。

(3)计算 $\hat{y}(n)$、J 和 e_n。

(4)按照式(8-38)调整衰减直流分量、余弦分量和正弦分量参数的权值。

(5)若学习次数大于 Q，按式(8-39)调整频率的权值。

(6)若 $n < N-1$，则对下一个采样数据进行学习，否则转至步骤(7)。

(7)判断是否达到精度要求，若 $J > \xi$，则对下一个采样数据进行学习；若 $J < \xi$，则学习结束。

学习结束后，第 m 次谐波的幅值为

$$
A_m = \sqrt{a_m^2 + b_m^2} \tag{8-40}
$$

8.2.3 仿真算例与分析

为了验证本章节所提出的遗传算法和神经网络相结合的方法，对如下形式的信号进行仿真分析：

$$f(n)=A\mathrm{e}^{-nT_{\mathrm{S}}/\tau}+\sum_{m=1}^{11}A_m\sin(nm\omega_1+\varphi_m) \tag{8-41}$$

式中：采样频率为 1500 Hz；基波频率 f_1 取 45 Hz；其他各次谐波的频率为基波频率的整数倍；基波和各次谐波的相位和幅值、衰减直流分量的参数如表 8-1 所示，其中 10 次谐波幅值为 0，表中不体现。

表 8-1　分析仿真信号参数

仿真信号			谐波次数/次									
衰减直流分量		谐波分量	基波	2	3	4	5	6	7	8	9	11
A	τ	相位	0.1π	0.1π	0.9π	0.3π	0.4π	0.5π	0.6π	0.7π	0.8π	0.9π
50	0.05	幅值(A)	150	20	50	10	35	2	5	3	2	1

1. 采用数字微分结合遗传算法的信号参数粗略估计

依 8.2.1 节所述方法，忽略 5 次以上谐波参数，计算相关采样点的二阶、四阶数字微分，得到含有 13 个未知数的关于各次谐波正弦分量、余弦分量及各种误差参数的非线性方程组，混合遗传算法的参数设定为个体编码长度为 13，采用实数编码方法，适应度函数直接选为目标函数：

$$\min:F(X)=\sqrt{\sum_{n=1}^{L}(F_{1n}^2(X)+F_{2n}^2(X)+F_{3n}^2(X))} \tag{8-42}$$

选择操作采用随机联赛选择方法；变异概率 P_m 取为 0.02，混合算子的使用概率 P_h 为 0.5；种群规模为 50，最大进化代数为 200；终止条件为 $\min(F(X))<10^{-3}$；交叉操作由均匀算术交叉实现；选用非均匀变异操作。运算结果如表 8-2 所示，遗传算法收敛曲线如图 8-5 所示。结果表明算法能收敛，可以达到粗略估计的目的。

表 8-2　信号参数粗略估计

信号参数粗略估计			谐波次数/次					基频
衰减直流分量		谐波分量(A)	基波	2	3	4	5	45.22 Hz
A	τ	正弦分量	48.77	6.303	28.89	8.903	33.87	
51.13	0.053	余弦分量	138.58	18.43	41.08	6.009	11.11	

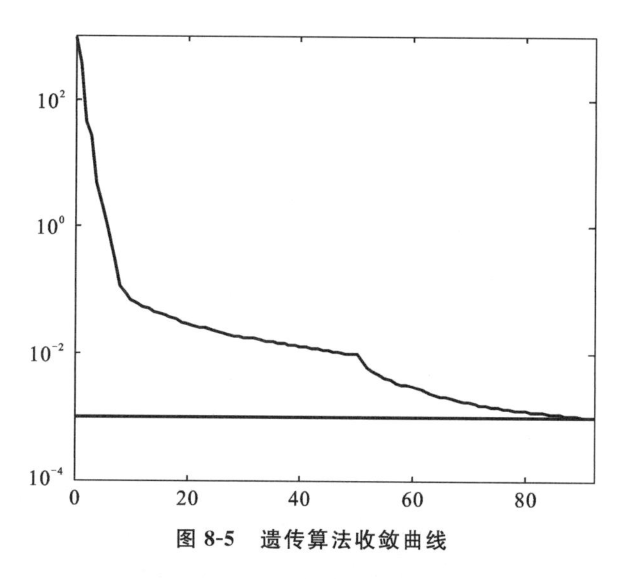

图 8-5　遗传算法收敛曲线

2. 基于神经网络的电力系统电力参数精确分析

利用前面得到的信号参数粗略估计值，以 8.2.1 和 8.2.2 节的所提方法确定神经网络各权值的学习率，如表 8-3 所示，神经网络算法的参数设定为：延迟次数 $Q=2$，误差准则 $\xi=10^{-7}$。

表 8-3　权值学习率

η_1	η_2	η_3	η_4	η_5	$\eta_6\sim\eta_{10}$	η_{A_0}	η_A	η_w
0.016	0.004	0.005	0.001	0.003	0.001	0.001	0.005	0.0001

经过 13 次学习后，误差已小于设定标准，图 8-6 为仿真分析信号与分析估计得到信号的对比图，神经网络收敛曲线如图 8-7 所示，得到分析计算结果和误差如表 8-4 所示，衰减直流分量中 $A=50.011$，误差率 0.022%；$\tau=0.04985$，误差率为−0.3%。从表 8-4 和图 8-6 中可以看出，基于本章节的方法能在电力系统电力信号基频发生较大偏移且含有衰减直流分量的情况下能准确提取出的信号参数，图 8-6 中横坐标的单位为秒(s)，纵坐标的单位为安培(A)。

表 8-4　信号参数精确估计

信号参数精确分析	谐波次数/次										基频
谐波分量(A)	基波	2	3	4	5	6	7	8	9	11	4.999 Hz
正弦分量	46.35	6.180	28.40	8.020	33.32	2.010	4.705	2.422	1.17	0.311	
余弦分量	142.8	18.01	40.50	5.952	10.85	0.12	−1.60	−1.76	−1.618	−0.941	
误差率	−0.07%	0.05%	0.1%	−0.13%	0.11%	0.7%	0.6%	−0.2%	−0.15%	−0.51%	0.002%

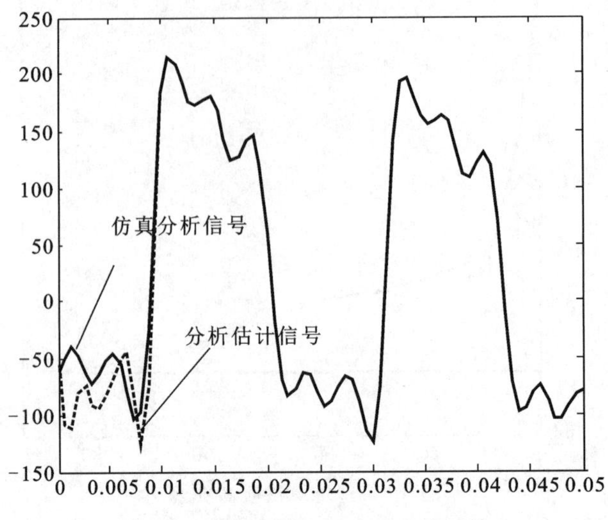

图 8-6 估计信号和仿真信号的比较

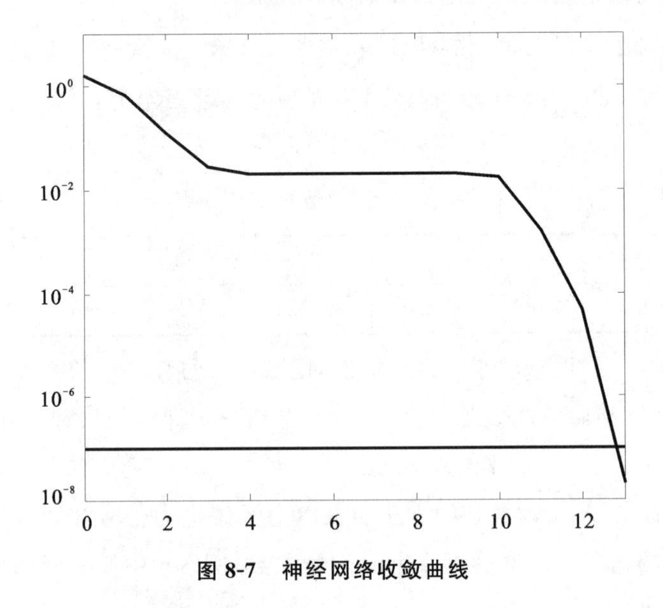

图 8-7 神经网络收敛曲线

8.2.4 小结

本节考虑在基频发生偏移的信号中还含有衰减直流分量和谐波分量，介绍基于遗传神经网络的电力参数分析方法。因粗略估计而忽略 5 次以上谐波可以降低未知参量个数，而利用的数字微分方法可以减少遗传算法求解时需要的数据点数，避免了遗传算法中需要较多采样数据点数且算法收敛性能随未知参量增多而降低的缺点，且能同时对多个误差参数(衰减直流分量，存在频率偏移)加以表示；将基波频率作为待定的权值，以粗略估计的参数作为神经网络训练的初始值，在学习算法中对各次谐波采用了不同的学习率，同时估计信号频率和各次谐波的幅值，仿真结果表明所提方法能准确地提取电力信号参数。

8.3　采用改进 Prony 算法的船舶电力信号参数分析方法

前面将遗传算法应用到电力参数粗略分析中，算法实现的前提条件是信号中含有确定的谐波分量，但该方法不能适用于信号中含有不确定的间谐波分量的情况。而 Prony 算法的模型能较准确地描述含有间谐波分量的电力信号特征，具有能直接提取信号的幅值、相位、频率和衰减因子，算法简便，需要数据量小的优点。但它在求幅值和初相角之前各级计算都有舍入误差积累，当高频分量的幅值较小时估计容易出现错误；神经网络在谐波测量中取得良好的效果，在信号中含间谐波分量时，需结合其他算法先估计得到频率分量的个数和频率以确定网络结构和训练初值。在 8.2 节的基础上，考虑基频为工频条件下电力信号中还含有间谐波的情况，首先采用一阶差分方法滤除信号中含有的衰减直流分量，同时达到对高频信号进行放大的效果；然后将改进神经网络和 Prony 算法相结合，利用 Prony 算法估计出信号中含有的频率分量的个数和频率值，以确定神经网络的频率初值和神经元个数，将各频率分量的频率作为待定的权值，根据神经网络训练获得各个频率分量的幅值。仿真结果表明所提方法能准确地提取船舶电力信号参数。

8.3.1　采用差分算法的电力信号预处理

取式(8-2)的离散值为

$$f(n)=\sum_{m=1}^{M}A_m\sin(n\omega_m+\varphi_m)+A\mathrm{e}^{\alpha nT_S}=\sum_{m=1}^{M}A_m\cos(n\omega_m+\varphi'_m)+A\mathrm{e}^{\alpha nT_S}\quad(8\text{-}43)$$

式中：$T_S=\dfrac{1}{F_S}$，F_S 为系统采样频率；$\alpha=-\dfrac{1}{\tau}$；$2\pi f_mT_S=\omega_m\varphi'_m=\varphi_m-\dfrac{\pi}{2}$。

若

$$A\mathrm{e}^{\alpha nT_S}(1-\mathrm{e}^{-\alpha T_S})\approx 0\quad(8\text{-}44)$$

则其一阶差分后的信号为

$$y(n)=\sum_{m=1}^{M}a_m\cos(n\omega_m)+b_m\sin(n\omega_m)\quad(8\text{-}45)$$

即有

$$a_m=A_mC_m\cos\varphi''_m\quad(8\text{-}46)$$

$$b_m = A_m C_m \sin\varphi''_m \tag{8-47}$$

其中

$$\cos\varphi_m = \frac{1-\cos\omega_m}{C_m} \tag{8-48}$$

$$\sin\varphi_m = \frac{\sin\omega_m}{C_m} \tag{8-49}$$

$$C_m = \sqrt{2-2\cos\omega_m} \tag{8-50}$$

$$\varphi''_m = -(\varphi'_m + \varphi_m) \tag{8-51}$$

则有

$$A_m = \frac{\sqrt{a_m^2 + b_m^2}}{C_m} \tag{8-52}$$

由于船舶电力系统电力信号中高频分量的幅值一般较小，易被幅值较大的基波、间谐波和谐波所湮没，使得采用 Prony 算法估计其电力参数容易出现较大误差。我们可以知道：在采样信号中不良数据已被剔除或无不良数据的情况下，同一频率分量的相位移为常数，差分后输入信号中各分量的频率不变；差分算法能有效滤除衰减直流分量，同时放大高频分量，可以实现对频率信号的相位和幅值的还原。因此，采用差分算法对电力信号进行预处理，不仅可以有效滤除衰减直流分量，亦可达到提高 Prony 算法估计精度的效果。图 8-8 为低频分量、衰减直流分量和高频分量经差分算法处理前后的对比图。

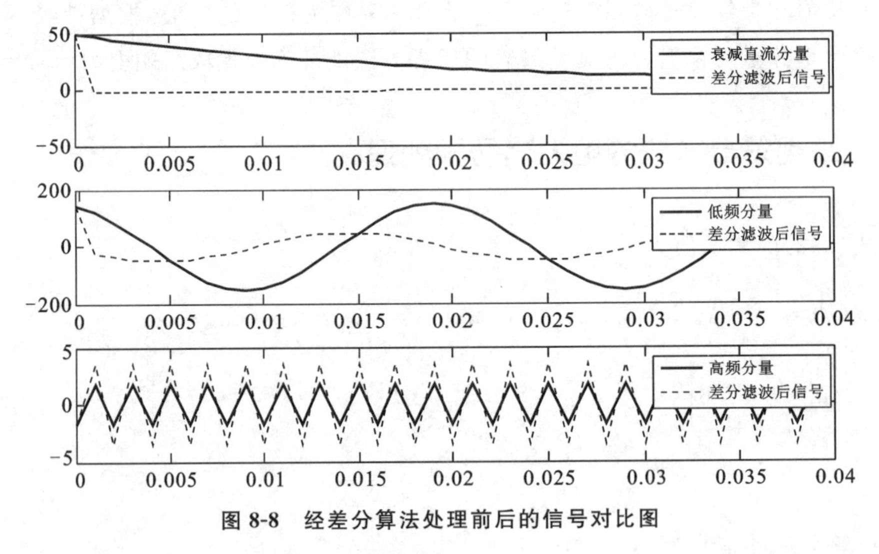

图 8-8　经差分算法处理前后的信号对比图

由 8.1.3 节基于 Prony 算法的电力参数分析方法，我们可以看到 Prony 算法的模型能较准确地描述船舶电力系统电力信号特征，但在求初相角和幅值时，由于之前各级计算都有舍入误差，求取 z_m 时会有一定误差积累，因此，直接用由公式求取得到的信号各频率分量的初相角和幅值都会产生较大的误差。

8.3.2　改进 Prony 算法的船舶电力系统电力参数分析

由 8.3.1 节我们得到经一阶差分滤波后的信号可表示为

$$y(n)=\sum_{m=1}^{M}a_m\cos(n\omega_m)+b_m\sin(n\omega_m) \tag{8-53}$$

利用文献[27-29]中信号含有间谐波和谐波情况下 Prony 建模方法，由 8.13 节 Prony 算法分析该信号，得到信号中频率分量的频率粗略估计值和个数，确定神经网络的网络训练的频率初值和神经元个数，采用基于 Adaline 神经网络模型 2 的电力信号参数分析方法，并将各频率分量的频率均作为待定权值，其原理图如图 8-9 所示。令其输入模式向量和权向量分别为

$$\begin{aligned}X&=[\cos(n\omega_1),\sin(n\omega_1),\cdots,\cos(n\omega_M),\sin(n\omega_M)]^{\mathrm{T}}\\&=[x_{11n},x_{12n},\cdots,x_{M1n},x_{M2n}]^{\mathrm{T}}\end{aligned} \tag{8-54}$$

$$\boldsymbol{W}=[a_1,b_1,\cdots,a_M,b_M]^{\mathrm{T}}=[w_{11n},w_{12n},\cdots,w_{M1n},w_{M2n}]^{\mathrm{T}} \tag{8-55}$$

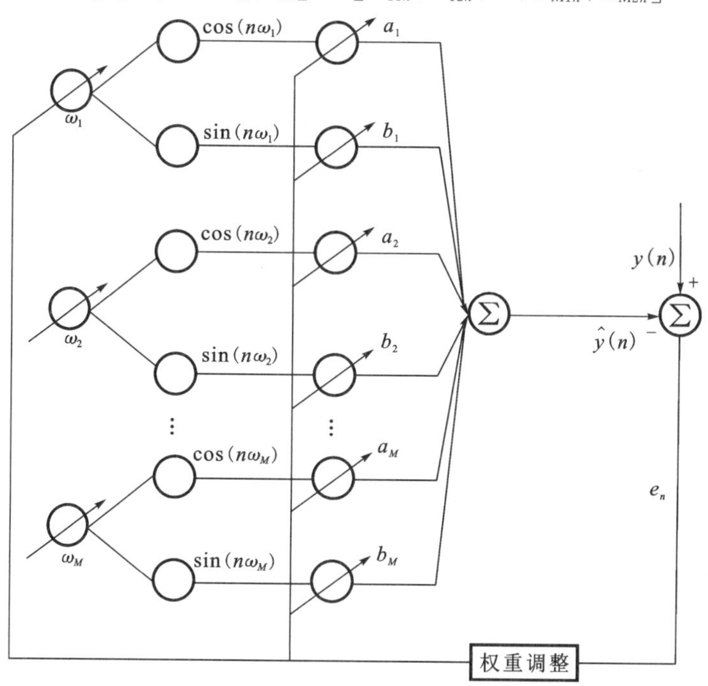

图 8-9　电力信号分析改进神经网络模型 2

Adaline 神经网络的权值调节算法、误差函数和性能指标如 8.1.2 节所述，各频率分量幅值权值的调整量为

$$\begin{cases}\Delta a_m=-\eta\dfrac{\partial J}{\partial a_m}=\eta\cos(n\omega_m)e_n\\[2ex]\Delta b_m=-\eta\dfrac{\partial J}{\partial b_m}=\eta\sin(n\omega_m)e_n\end{cases} \tag{8-56}$$

式中：η 对应为频率分量幅值的学习率。

各频率分量的频率权值调整量为

$$\Delta\omega_m = -\eta_\omega \frac{\partial J}{\partial \omega_m} = \eta_\omega n[b_m \cos(n\omega_m) - a_m \sin(n\omega_m)]e_n \tag{8-57}$$

式中：η_ω 为频率权值的学习率。

由此得到基于改进 Prony 算法的船舶电力信号参数分析方法的具体步骤如下：

(1)采用一阶差分算法对电力信号参数进行预处理，有效滤除衰减直流分量并放大高频分量。

(2)采用 Prony 算法对差分后的电力信号进行参数估计，得到信号中含有的频率分量个数和频率粗略估计值。

(3)由步骤(2)得到的参数确定神经网络的频率初始值和神经元个数，确定频率分量幅值的学习率 η 和频率的学习率 η_w，设定误差准则 ξ 和延迟次数 Q。

(4)计算 J、e_n 和 $\hat{y}(n)$。

(5)按照式(8-56)调整余弦分量、正弦分量权值。

(6)若学习次数大于 Q，按式(8-57)调整频率。

(7)若 $k<N-1$，则对下一个采样数据进行学习；若 $k=N-1$，则转至步骤(8)。

(8)判断是否达到精度要求，若 $J>\xi$，则对下一个采样数据进行学习；若 $J<\xi$，则学习结束。

学习结束后，第 m 个谐波分量的幅值为

$$A_m = \frac{\sqrt{{a_m}^2 + {b_m}^2}}{C_m} \tag{8-58}$$

下面是关于神经网络算法收敛性的讨论。

(1)关于频率分量幅值的学习率 η 的讨论。

定理 8.1 只有当学习率为 $0<\eta<\dfrac{2}{M+1}$时，本章讨论的 Adaline 神经网络算法是收敛的，M 为频率分量个数，详细证明参见文献[30]。

(2)关于频率的学习率的讨论。

定理 8.2 只有当频率学习率为 $0<\eta_\omega<\dfrac{2}{\left\|\dfrac{\partial e(n)}{\partial \boldsymbol{W}}\right\|^2}$时，本章讨论的 Adaline 神经网络算法是收敛的。

证明 调整频率时，设幅值权值保持不变，取 Lyapunov 函数为

$$V(n) = \frac{1}{2}e^2(n) \tag{8-59}$$

设权向量为

$$\boldsymbol{W}=(w_1,w_2,\cdots,w_q) \tag{8-60}$$

则有

$$\Delta V(n)=\frac{1}{2}[e(n)+\Delta e(n)]^2-\frac{1}{2}e^2(n) \tag{8-61}$$

因为

$$e(n+1)=e(n)-\Delta e(n) \tag{8-62}$$

而

$$\Delta e(n)=\left[\frac{\partial e(n)}{\partial \boldsymbol{W}}\right]^{\mathrm{T}}\Delta \boldsymbol{W} \tag{8-63}$$

$$\Delta \boldsymbol{W}=-\eta_{\omega}e(n)\frac{\partial e(n)}{\partial \boldsymbol{W}} \tag{8-64}$$

于是有

$$\Delta e(n)=-\eta_{\omega}e(n)\left[\frac{\partial e(n)}{\partial \boldsymbol{W}}\right]^{\mathrm{T}}\frac{\partial e(n)}{\partial \boldsymbol{W}}=-\eta_{\omega}e(n)\left\|\frac{\partial e(n)}{\partial \boldsymbol{W}}\right\| \tag{8-65}$$

所以，式(8-61)改写为

$$\begin{aligned}\Delta V(n)&=\frac{1}{2}[e(n)+\Delta e(n)]^2-\frac{1}{2}e^2(n)\\&=\left\|\frac{\partial e(n)}{\partial \boldsymbol{W}}\right\|^2e^2(n)\left[-\eta_{\omega}+\frac{1}{2}\eta_{\omega}^2\left\|\frac{\partial e(n)}{\partial \boldsymbol{W}}\right\|^2\right]\end{aligned} \tag{8-66}$$

要使神经网络算法绝对收敛，必须有下式成立：

$$-\eta_{\omega}+\frac{1}{2}\eta_{\omega}^2\left\|\frac{\partial e(n)}{\partial \boldsymbol{W}}\right\|^2<0 \tag{8-67}$$

即有当频率学习率满足 $0<\eta_{\omega}<\dfrac{2}{\left\|\dfrac{\partial e(n)}{\partial \boldsymbol{W}}\right\|^2}$ 时，$\Delta V(n)<0$，从而本章讨论的 Adaline 神经网络算法是收敛的。

文献[31]从仿真分析的角度研究频率学习率取值问题，指出 η_{ω} 的大小与信号幅度和数据长度有关，并且得到的结论与本章得到的频率学习率的取值范围是相符的，亦可为本章频率学习率取值提供参考。

8.3.3　仿真算例与分析

为了验证本章所提出的基于改进 Prony 算法的船舶电力信号参数分析方法，对如下形式的信号进行仿真分析：

$$f(n)=\sum_{m=1}^{M}A_m\cos(\omega_m n+\varphi'_m)+A\mathrm{e}^{\alpha nT_{\mathrm{s}}}+\xi(n) \tag{8-68}$$

式中：采样频率为 1000 Hz；信号的信噪比为 60 dB；$\xi(n)$ 为高斯白噪声。衰减直流分量的衰减系数与初值、各频率分量的幅值、频率和相位的参数如表 8-5 所示。

表 8-5　分析仿真信号参数

仿真信号			各频率分量							
			f_1	f_2	f_3	f_4	f_5	f_6	f_7	f_8
衰减直流分量		频率/Hz	50	95	150	210	250	275	350	500
A	α	相位	0.1π	0.1π	0.2π	0.3π	0.4π	0.5π	0.6π	0.7π
50	−50	幅值(A)	150	20	50	10	35	2	5	3

1. 一阶差分算法预处理与 Prony 算法频率粗略估计

采用 8.3.1 节方法对仿真信号进行一阶差分算法处理，结果如图 8-10 所示，图 8-10 中横坐标的单位为秒(s)，纵坐标的单位为安培(A)。根据仿真信号的频率分量个数为 8 个，Prony 算法需要的阶数为测试信号中频率分量个数的两倍，则确定 Prony 算法中 P 取 16，Prony 算法中要求采样点数满足 $N>2p$，这里取 $N=40$。采用 8.1.3 节所述 Prony算法对差分后信号进行频率参数粗略估计，结果如表 8-6 所示。由表 8-6 可以看出利用 Prony 算法对差分后信号进行参数估计可准确估计出频率个数和粗略的频率值。

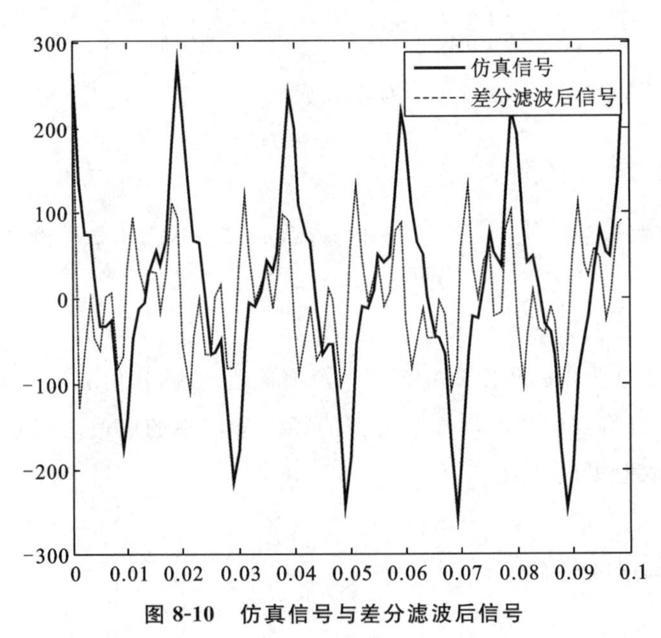

图 8-10　仿真信号与差分滤波后信号

表 8-6　利用 Prony 算法对差分后信号进行频率参数估计

频率分量	f_1	f_2	f_3	f_4	f_5	f_6	f_7	f_8
频率/Hz	50.78	93.75	148.4	210.9	248.2	273.4	351.6	498.1
误差率	1.56%	1.31%	1.10%	0.43%	0.32%	0.58%	0.45%	0.38%

2. 采用改进神经网络的信号参数估计

利用 Prony 算法估计出的电力信号频率参数，采用前面所述方法，确定神经网络的频率训练初值如表 8-6 所示，神经元个数为 8，确定频率分量幅值的学习率 $\eta=0.01$ 和频率的学习率 $\eta_w=10^{-4}$，误差准则 $\xi=10^{-7}$ 和延迟次数 $Q=2$；经过 24 次学习后，误差已小于设定标准，收敛曲线如图 8-11 所示，差分滤波后信号和估计信号得到的结果的对比图如图 8-12 所示，采用前面所提方法得到的分析计算结果和误差如表 8-7 所示。

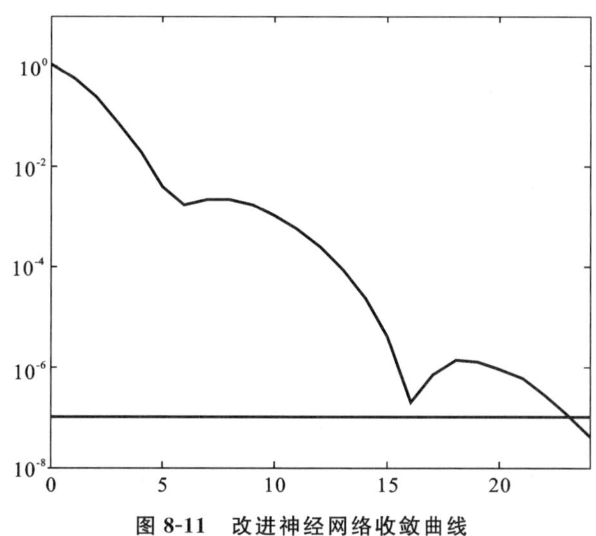

图 8-11　改进神经网络收敛曲线

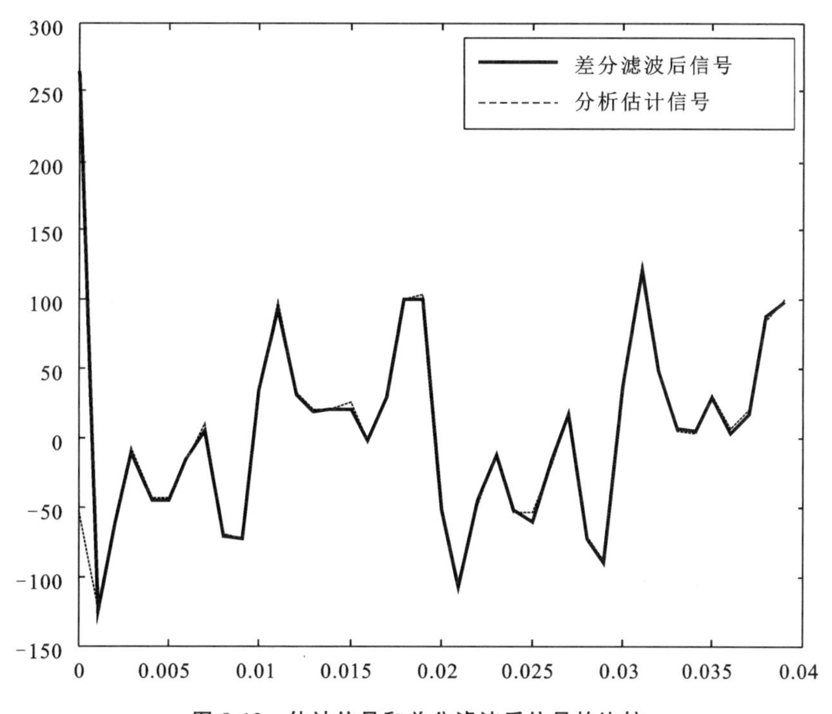

图 8-12　估计信号和差分滤波后信号的比较

表 8-7　采用改进 Prony 算法对信号进行的参数估计

频率分量	f_1	f_2	f_3	f_4	f_5	f_6	f_7	f_8
频率/Hz	48.98	95.03	150.9	210.05	248.82	275.04	348.89	498.85
滤波后信号幅值(A)	47.16	11.71	46.06	12.36	48.84	3.072	8.96	6.04
估计信号幅值(A)	150.80	18.90	50.45	10.08	35.26	2.02	5.03	3.02
幅值误差	0.53%	0.50%	0.90%	0.80%	0.74%	1.00%	0.60%	0.67%
频率误差	0.04%	0.03%	0.60%	0.02%	0.07%	0.15%	0.03%	0.03%

3. 与其他算法的比较

1)直接采用 Prony 算法的信号参数估计

首先对信号进行差分预处理,然后采用 Prony 算法对信号进行参数估计,如表 8-8 所示。

2)采用传统 Adaline 神经网络的信号参数估计

以 Prony 算法估计得到的频率作为频率参数,不以频率作为待定的权值,采用传统 Adaline 神经网络进行电力参数分析的原理图如图 8-13 所示,确定神经网络的神经元个数为 8;确定频率分量幅值的学习率 $\eta=0.01$,误差准则 $\xi=10^{-7}$;经过 27 次学习后,误差已小于设定标准,收敛曲线如图 8-14 所示,得到各频率分量幅值的分析计算结果和误差如表 8-9 所示。

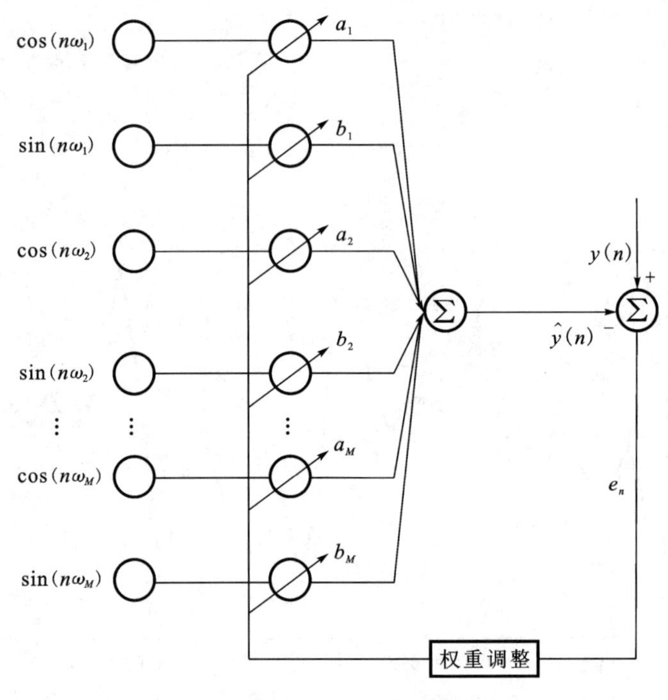

图 8-13　传统 Adaline 神经网络模型

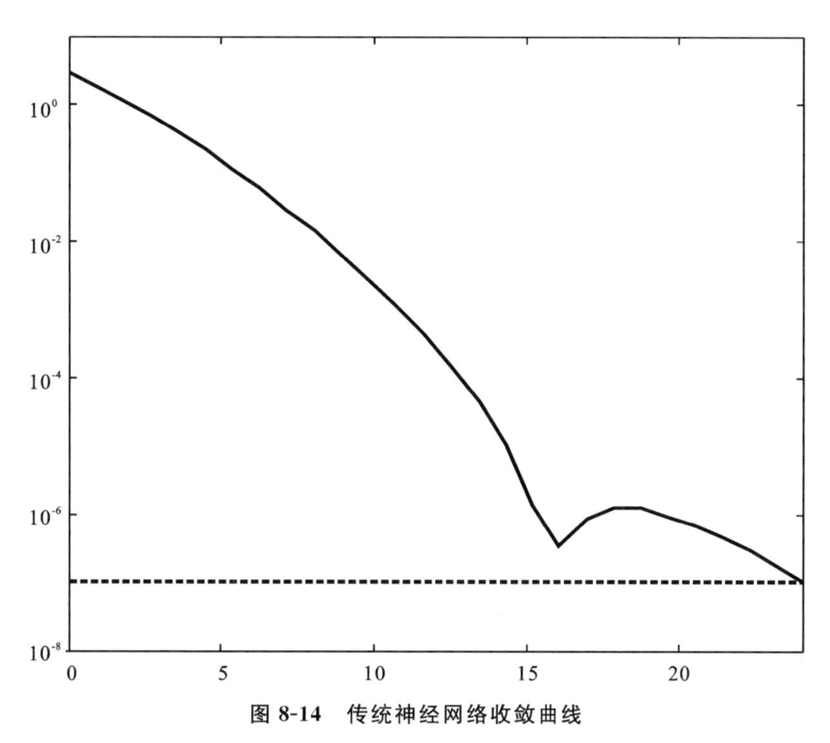

图 8-14　传统神经网络收敛曲线

表 8-8　采用 Prony 对算法信号进行的参数估计

频率分量	f_1	f_2	f_3	f_4	f_5	f_6	f_7	f_8
估计信号幅值(A)	155.34	18.16	48.28	11.18	34.06	2.21	4.73	3.24
幅值误差率	3.56%	8.20%	3.44%	11.8%	2.69%	10.5%	5.40%	8.00%

表 8-9　采用传统 Adaline 神经网络的信号参数估计

频率分量	f_1	f_2	f_3	f_4	f_5	f_6	f_7	f_8
估计信号幅值(A)	152.13	18.10	48.22	8.37	35.46	2.14	4.85	3.15
幅值误差率	1.42%	4.50%	1.56%	6.30%	1.31%	7.00%	3.00%	5.00%

由此可以看出，本章所提方法能在信号含有衰减直流分量、较多间谐波分量的情况下，更加准确地实现了对船舶电力系统电力信号参数的分析。对存在的误差分析如下：

(1)信号中有噪声的影响；

(2)算法中采用一阶差分算法不能完全滤除信号中含有的衰减直流分量($Ae^{\alpha n T_s}(1-e^{-\alpha T_s})\approx 0$)；

(3)由 Prony 算法和神经网络训练得到的频率存在一定的误差。

8.3.4　小结

考虑基频为工频的信号中含有间谐波分量，本节介绍基于改进 Prony 算法的电力参数分析方法:为有效滤除衰减的直流分量,首先采用一阶差分方法对信号进行预处理,该方法亦可达到提高 Prony 算法估计精度的效果;然后将神经网络和 Prony 算法相结合,利用 Prony 算法估计出信号中含有的频率分量以确定神经网络的频率初值和神经元个数,通过神经网络训练获得各个频率分量的幅值的方法可以避免 Prony 算法存在的计算误差积累问题。仿真算例对所提方法进行了验证,并与其他方法进行了比较,结果表明所提方法能准确地提取船舶电力系统电力信号的电力参数。

8.4 本章小结

本章以含有衰减直流分量、谐波和间谐波及考虑系统频率发生偏移条件下的船舶电力系统电力信号为研究对象,详细分析了遗传算法、Adaline 神经网络和 Prony 算法在电力信号参数分析问题中的特点和不足,基于此,本章阐述了在多个误差因素影响下的电力信号参数分析问题。

(1)考虑信号中含有衰减直流分量、谐波及系统频率发生偏移情况,介绍基于遗传神经网络的电力参数分析方法。首先因粗略估计而忽略 5 次以上谐波可以降低未知参量个数,利用的数字微分方法可以减少遗传算法求解时需要的数据点数,避免了遗传算法中需要较多地采样数据点数且算法收敛性能随未知参量增多而降低的缺点,而遗传算法能同时对多个误差参数(衰减直流分量,存在频率偏移)加以表示;然后将基波频率作为待定的权值,以粗略估计的参数作为神经网络训练的初始值,同时估计信号各次谐波的幅值和频率。仿真结果表明所提方法能准确地提取电力信号参数。

(2)在研究(1)的基础上,考虑基频为工频条件下电力信号中还含有间谐波的情况,介绍改进 Prony 算法的电力参数分析方法。为有效滤除衰减的直流分量,首先采用一阶差分方法对信号进行预处理,该方法亦可达到提高 Prony 算法估计精度的效果;然后将神经网络和 Prony 算法相结合,利用 Prony 算法估计出信号中含有的频率分量以确定神经网络的频率初值和神经元个数;最后通过神经网络训练获得各个频率分量的幅值。仿真算例对所提方法进行了验证,并分析了误差产生的原因。

仿真算例结果说明了所提算法分析电力信号参数的准确性,可为智能保护后续分析模块提供准确的电力信号参数。

参考文献

[1]师丽,李晓媛.智能控制基础[M].北京:机械工业出版社,2021.

[2]韦巍.智能控制技术[M].2版.北京:机械工业出版社,2021.

[3]李少远,王景成.智能控制[M].2版.北京:机械工业出版社,2009.

[4]李士勇,李研.智能控制[M].2版.北京:清华大学出版社,2021.

[5]孙增圻,邓志东,张再兴.智能控制理论与技术[M].2版.北京:清华大学出版社,2011.

[6]蔡自兴,余伶俐,肖晓明.智能控制原理与应用[M].2版.北京:清华大学出版社,2014.

[7]蔡自兴.智能控制导论[M].3版.北京:中国水利水电出版社,2019.

[8]刘金琨.智能控制——理论基础、算法设计与应用[M].2版.北京:清华大学出版社,2023.

[9]师黎,陈铁军,李晓媛,等.智能控制实验与综合设计指导[M].北京:清华大学出版社,2008.

[10]丛爽.智能控制系统及其应用[M].2版.合肥:中国科学技术大学出版社,2021.

[11]郑南宁.智能控制导论[M].北京:中国科学技术出版社,2022.

[12]王飞跃,陈俊龙.智能控制:方法与应用(上下册)[M].北京:中国科学技术出版社,2020.

[13]黄从智,白焰.智能控制算法及其应用[M].北京:科学出版社,2022.

[14]涂序彦,王枞,刘建毅.智能控制论[M].北京:科学出版社,2010.

[15]姜长生,王从庆,魏海坤,等.智能控制与应用[M].北京:科学出版社,2007.

[16]刘金琨.智能控制[M].5版.北京:电子工业出版社,2021.

[17]李人厚.智能控制理论和方法[M].2版.西安:西安电子科技大学出版社,2013.

[18]程武山.智能控制原理与应用[M].上海:上海交通大学出版社,2006.

[19]韩璞,董泽,王东风,等.智能控制理论及应用[M].北京:中国电力出版社,2013.

[20]张建民,王涛,王忠礼,等.智能控制原理及应用[M].北京:冶金工业出版社,2003.

[21]郭晨.智能控制原理及应用[M].大连:大连海事大学出版社,1998.

[22]李媛,刘涤尘,杜新伟,等.混合遗传算法在电力参数测量中的应用[J].电力系统自动化,2007,31(12):86-90.

[23]王家林,夏立,吴正国,等.采用遗传神经网络的电力系统暂态信号分析方法[J].高电压技术,2011,37(1):170-175.

[24]蔡忠法,周箭,陈隆道.增强型 Adaline 神经网络谐波分析方法研究[J].浙江大学学报(工学版),2009,43(1):166-171.

[25]王小华,何怡刚.基于神经网络的电力系统高精度频率谐波分析[J].中国电机工程学报,2007,27(34):33-37.

[26]方春恩,段雄英,邹积岩.基于自适应神经元的短路电流参数提取[J].中国电机工程学报,2003,23(8):115-118.

[27]丁屹峰,程浩忠,吕干云,等.基于 Prony 算法的谐波和间谐波频谱估计[J].电工技术学报,2005,20(10):94-97.

[28]Zhi J H,Jian Q G, Mei Y,et al. The Studies on Power System Harmonic Analysis based on Extended Prony Method[C]. IEEE 2006 International Conference on Power System Technology, 2006:1-8.

[29]竺炜,唐颖杰,周有庆,等.基于改进 Prony 算法的电力系统低频振荡模式识别[J].电网技术,2009,33(5): 44-48.

[30]曾喆昭,王耀南.一种高精度的电力系统谐波分析方法[J].湖南大学学报(自然科学版), 2008,35(2):52-55.

[31]蔡忠法,陈隆道,陈国志.基于自适应神经网络的谐波分析模型与算法[J].电工技术学报, 2008,23(7):118-123.